FORSCHUNGSBERICHTE DES LANDES NORDRHEIN-WESTFALEN
Nr. 2492
Herausgegeben im Auftrage des Ministerpräsidenten Heinz Kühn
vom Minister für Wissenschaft und Forschung Johannes Rau

Dr. phil. nat. Gerhard Zapf
Dipl. -Ing. Hans-Georg Jost
Forschungsgemeinschaft Pulvermetallurgie e.V., Schwelm

# Einfluß von Chargengewicht, Chargierzeit und Temperaturgradient zwischen Ofenraum und Charge in technischen Sinteröfen auf die Eigenschaften von Sinterwerkstoffen

AF792904

Westdeutscher Verlag 1975

© 1975 by Westdeutscher Verlag GmbH, Opladen
Gesamtherstellung: Westdeutscher Verlag

ISBN-13: 978-3-531-02492-9 e-ISBN-13: 978-3-322-88294-3
DOI: 10.1007/978-3-322-88294-3

## Inhalt

## 1. Einleitung

Bei der Herstellung von Sinterwerkstoffen aus Eisen- und Nichteisenmetallen werden Preßlinge aus Metallpulvern bei Temperaturen von 850°C bis 1280°C in Durchlauf-, Durchstoß- oder Hubbalken-Öfen unter Schutzgas einer längeren Glühung unterzogen. Dabei verlaufen Platzwechselvorgänge im Gitterbereich, die ein Versintern der Pulverteilchen zu einem zusammenhängenden Verband bewirken.

Die physikalischen Grundlagen dieses Vorgangs und die Mechanismen des Materialtransportes, die ihm zugrunde liegen, sind Gegenstand intensiver Forschung an vielen Stellen.

Trotz des Fehlens einer vollständigen Theorie des Sintervorganges hat die Industrie seit langem Sinteröfen geschaffen, in denen die Sinterung unter industriellen Bedingungen erfolgt und Produkte erzeugt werden, die ein weites Anwendungsgebiet in vielen Bereichen der verarbeitenden Industrie besitzen. Es darf dabei allerdings nicht übersehen werden, daß die Güte der erzeugten Produkte Ungleichmäßigkeiten aufweist und physikalische Werte auftreten, die von denen abweichen, die unter Laboratoriumsbedingungen gewonnen sind. Die Abweichungen sind schwer zu erklären, es wird jedoch versucht, eine Deutung zu geben. Eine wissenschaftliche Untersuchung, die sich mit den Vorgängen in technischen Sinteröfen unter Schutzgas befaßt, ist daher notwendig. Nur sie kann die Bedeutung der verschiedenen Einflußgrößen in technischen Sinteröfen aufzeigen, von denen Gleichmäßigkeit und Qualität der Sinterwerkstoffe abhängt. Die Forschungsgemeinschaft Pulvermetallurgie hat sich schon in einer früheren Arbeit mit einem Teilbereich aus diesem Gebiet befaßt. Sie untersuchte den Einfluß der Schutzgasatmosphäre auf die Eigenschaften von Sinterstahl [1]; sie beabsichtigt nun in einer weiteren Untersuchung den Einfluß von Chargengewicht, Chargierzeit und Temperaturgradient zwischen Ofenraum und Charge auf die Eigenschaften von Sinterwerkstoffen zu untersuchen.

Der hier vorgelegte Bericht wurde mit wesentlicher finanzieller Unterstützung des Landes Nordrhein-Westfalen und der Firma Sintermetallwerk Krebsöge GmbH im Metallwerk Unterfranken in Bad Brückenau durchgeführt. Die Verfasser danken beiden Stellen für die großzügige Förderung des Vorhabens. Sie danken aber vor allem auch allen beteiligten Mitarbeitern für die Untersuchung von ca. 16.000 Zugproben, von denen mehrere Eigenschaften zu bestimmen waren.

## 2. Versuchsplanung

Gemäß der gestellten Aufgabe wurden die Versuche mit dem Bemühen durchgeführt, eine größtmögliche Angleichung an die auch in der Praxis in technischen Sinteröfen herrschenden Verhältnisse zu erreichen. Eine wichtige Voraussetzung dafür war das Pressen der für diese Forschungsarbeit verwendeten MPA-Zugproben auf einer Pulverpresse des Typs Bussmann-Simetag-100 [2], die mit automatischer Fülleinrichtung ausgerüstet war. Die Herstellung der Proben wurde im Rahmen der industriellen Gemeinschaftsforschung von der Firma Mannesmann Pulvermetall in Mönchengladbach übernommen, die ebenfalls der Forschungsgemeinschaft Pulvermetallurgie angehört. Beim Probenmaterial wurden also bewußt im Gegensatz zum Laborversuch alle durch die spezifischen Pulvereigenschaften bedingten Unregelmäßigkeiten in Kauf genommen; dies bezieht sich natürlich im besonderen Maße auf die durch die Herstellung bedingten Dichteschwankungen, auf deren Konto mit Sicherheit ein ganz erheblicher Teil der Ungleichmäßigkeiten der Versuchsergebnisse zu buchen ist, und die daher besonders unter diesem Aspekt bewertet werden müssen. Durch diese Gestaltung des Versuchsprogrammes wurde der Anschluß an eine unter Laboratoriumsbedingungen ausgeführte Untersuchung der Forschungsgemeinschaft Pulvermetallurgie hergestellt [3].

Die Forderung nach betriebsechten Versuchsbedingungen beschränkte sich nicht nur auf den Rohstoffeinsatz und die Anfertigung der Proben, sondern gleichermaßen auf das eigentliche Sintern, das daher im völligen Gleichlauf mit normaler Produktion in Betriebsöfen des Metallwerks Unterfranken in Bad Brückenau durchgeführt wurde. Im gleichen Sinne erfolgte die Auswahl der zu untersuchenden Werkstoffe ebenfalls im Hinblick auf Verwendungshäufigkeit in der pulvermetallurgischen Praxis.

Folgende Pulversorten, die alle nach dem Roheisen-Zunder-Verfahren hergestellt sind, wurden untersucht:

1. Reine Eisenpulver: RZ 60 Teilchengröße max. 60 ym
   RZ 150 Teilchengröße max. 150 ym
   RZ 400 Teilchengröße max. 400 ym

2. Mischungen aus dem System Eisen-Kupfer mit 0 - 3 % Cu:

   Fe ohne Cu - "RZ 400"
   Fe + 1,5 % Cu - "SC 1510"
   Fe + 3,0 % Cu - "SC 3010"

3. Eisen-Kupfer-Nickel-Legierungen:

   Fe + 3 % Cu ohne Ni - "SC 3010"
   Fe + 3 % Cu + 2,5 % Ni - "RZ 150/3/2,5"
   Fe + 3 % Cu + 5,0 % Ni - "RZ 150/3/5"

Bei der Festlegung der Versuchsvarianten wurde als sogenannter Bezugspunkt die aus betrieblicher Erfahrung am häufigsten in den zur Verfügung stehenden Hubbalkenöfen angewendeten Sinterbedingungen gewählt.

| | |
|---|---|
| Chargiergewicht | - 13 Kg je Sinterkasten (Brutto) |
| Chargiertakt | - 15 Minuten, d.h. 4 Kästen bzw. 52 kg/Std. |
| Sintertemperatur | - 1180°C |
| Schutzgas | - $NH_3$-Spaltgas 3,5 - 4,0 $m^3/h$ |

Ausgehend von dieser Normaleinstellung wurden die Bedingungen auf folgende Weise modifiziert:

| | |
|---|---|
| Bruttogewicht je Sinterkasten | - 6; 9 und 13 kg, das entspricht einer Ofenleistung von 24; 36 bzw. 52 kg/h |

Chargiertakt - 12; 15 und 20 Minuten, entsprechend einer Verweilzeit in der Hochtemperaturzone von 55; 65 und 90 Minuten

Sintertemperatur - 1000°; 1180° und 1280°C.

Ein Nachpressen der Zugstäbe nach dem Sintern wurde in keinem Fall vorgenommen, so daß es sich bei allen Versuchen um einfachgepreßte und -gesinterte Proben handelt [4].

Beim Durchspielen der verschiedenen Stufen einer Veränderlichen wurden die beiden anderen jeweils auf den oben angegebenen Normalwerten konstant gehalten. Das heißt beispielsweise, daß die Schubzeiten 12, 15 und 20 Minuten bei 1180°C und 13 kg Kastengewicht gefahren wurden, oder daß das Sintern unter den verschiedenen Temperaturen 1000, 1180 und 1280°C mit Sinterkastengewichten von 13 kg und einem Chargiertakt von 15 Minuten erfolgte. Für alle Versuche blieb die Stearatkammertemperatur auf 600°C unverändert. Die Schutzgasmenge wurde so eingestellt, daß im Ofen ein Druck von ca. 50 mm Wassersäule gehalten werden konnte; dies wurde durch Gasmengen von 3,5 bis 4 $m^3/h$ erreicht. Die Dauer einer Versuchsreihe betrug im Minimum 40 Stunden, wodurch hinreichende Gewähr für repräsentative Ergebnisse gegeben war.

Außer den vorwiegend in einem Hubbalkenofen herkömmlicher Bauart [2, 5] vorgesehenen Versuchen waren weitere Testreihen bei der Firma FHD Furnaces Ltd. in England geplant für einen Sinterofen mit speziellem Hub- und Fördersystem, das optimale Gasführung und Temperaturkonstanz gewährleisten sollte. Bedauerlicherweise wurde aber der Ofen letztlich doch nicht für diesen Versuch freigestellt, so daß die dafür u.a. geplante Untersuchung der Wirkung fallender Wasserstoffanteile im Schutzgas auf die Werkstoffqualität ersatzweise in einem Labor-Rohrofen der Entwicklungsabteilung des Sintermetallwerkes Krebsöge durchgeführt werden mußte.

Zur Bestimmung des Temperaturgradienten zwischen Ofenraum und Charge schließlich wurden Schleppelementmessungen in dem für die Versuche verwendeten Hubbalkenofen und zusätzlich in einem Bandofen durchgeführt.

Die Dichte der verwendeten Proben unterliegt, wie bereits eingangs betont, einer durch das Herstellungsverfahren bedingten, jeder pulvermetallurgischen Fertigung zwangsläufig eigenen Schwankung, deren Einfluß auf die Qualitätskonstanz der Werkstoffe mit in Betracht zu ziehen ist. Es sollte daher versucht werden, anhand einer Studie der Härtestreuung bei Zugproben der Testreihe RZ "400" eine Vorstellung über die Größe ihres Betrages zu erhalten.

## 3. Versuchsdurchführung

### 3.1 Rohstoffe

Um die Zahl der Einflußfaktoren nicht unnötig zu steigern, blieb die Auswahl der Rohpulver auf einen Lieferanten und ein Herstellungsverfahren, den Roheisen-Zunderprozeß, beschränkt. Außerdem sichert die herstellungstechnische Einheitlichkeit eine gute Vergleichbarkeit der ermittelten Ergebnisse. Die verwendeten Pulversorten wurden ausnahmslos als Mischpulver der laufenden Fertigung der Mannesmann Pulvermetall entnommen.

Als Legierungselemente waren enthalten: Kupferpulver der Type M der Norddeutschen Affinerie, Nickelpulver in Form von Carbonyl Nickel und Zinkstearat der Type 4840 der Firma Unilever.

## 3.2 Probenform und Herstellung

Als Probe diente der sogenannte MPA-Stab der American Metal Powder Association nach Stahleisenprüfblatt 88-69 [6], wie er in Abb. 1 dargestellt ist.

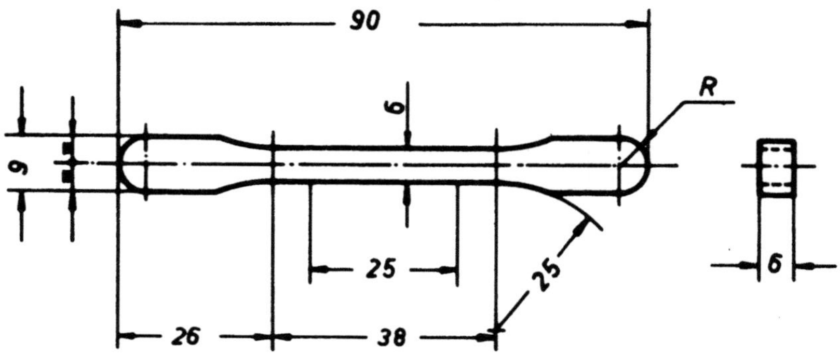


Abb. 1: MPA-Zugstab

Von jedem Werkstoff wurden Stäbe in den Dichtegruppen 6,6; 6,8; 7,0 g/cm$^3$ auf einer 100 to Bussmann Simetag-Pulverpresse mit Füllschuhautomat hergestellt. Die Überwachung der Fertigung oblag dem Labor der Mannesmann Pulvermetall. Die Preßlinge wurden, auf Luftkissen gelagert, per PKW von Mannesmann zum Metallwerk Unterfranken transportiert, so daß Anrisse an den grünen Proben auszuschließen sind.

## 3.3 Sinteröfen

Gesintert wurde vorwiegend in einem Hubbalkenofen der Bauart Elino Typ MHbg-Mo-1600h. Die Stearatkammer ist im rechten Winkel zur Hochtemperaturzone angeordnet, der niveaugleiche Übergang ist durch eine bewegliche Zwischenklappe verschließbar. Auf diese Weise wird das Eindringen des abdampfenden Stearates in die Sinterzone weitgehend verhindert, so daß die Güte der Sinterung im wesentlichen unbeeinflußt bleibt. Die Länge der hochbeheizten Zone beträgt 1600 mm, sie kann gleichzeitig etwa viereinhalb Sinterkästen aufnehmen.

## 3.4 Chargieren der Proben

Die Zerreißstäbe wurden grundsätzlich zwischen das normale Sintergut eingelagert, und zwar so, daß von jeder der drei Dichtegruppen (6,6; 6,8; 7,0) einer Pulversorte jeweils ein Stab äußerst rechts, einer mittig und der dritte möglichst weit links im Sinterkasten angeordnet war, so daß Neuner-Gruppen entstanden, die in zweistündigem Rhythmus zum Sintern eingesetzt wurden. Auf diese Weise konnte die Gleichmäßigkeit der Sinterung über den Ofenquerschnitt gesehen überwacht, bzw. jede einseitig überhöhte Beheizung der Charge sofort registriert werden. Es kann gleich hier vorweggenommen werden, daß bei keiner Testreihe die Werkstoffqualität der gesinterten Proben durch die Lage im Ofen "rechts", "mittig" bzw. "links" irgendeinen qualitativen Vorzug erhielt. In dieser Hinsicht mußten auch bei Betrachtung aller gefundenen Ergebnisse völlig gleiche Voraussetzungen als gegeben angesehen werden. In der Abhandlung der Versuchsergebnisse tritt die Positionierung der Proben im Ofen daher auch weiter nicht in Erscheinung.

## 3.5 Prüfverfahren

Zur Erfassung der erzielten mechanischen Eigenschaften und ihrer Charakteristik wurden an allen Proben im wesentlichen folgende Größen geprüft:

### 3.5.1 Längenänderung

Die Maßänderung $\Delta \ell$ in % wurde mit einer Meßvorrichtung bestimmt, wobei auf die vom Preßwerkzeug gegebene fixe Ausgangslänge des Preßlings Bezug genommen wurde.

### 3.5.2 Zugfestigkeit

Zur Messung dieser Größe wurde eine Universal-Zerreißmaschine herkömmlicher Bauart verwendet. Bei der Berechnung der Querschnittsfläche der Zugprobe wurde für das veränderliche Maß der Höhe eine Toleranz von 0,2 mm zugelassen, aus der sich für die ermittelte Zugfestigkeit ein vertretbarer Fehler von maximal ± 2 % ergibt. Dieses Zugeständnis wurde besonders mit Rücksicht auf die große Probenzahl von ca. 16.000 Stück gemacht.

Die Höhe wurde trotzdem an allen Stäben mit einer Meßvorrichtung kontrolliert, um im Falle der Überschreitung oben genannter Toleranz eine exakte Berechnung der Querschnittsfläche vornehmen zu können.

### 3.5.3 Bruchdehnung

In die Proben wurde eine Meßlänge von 30 mm eingeritzt und deren Verlängerung an den zusammengefügten Bruchstücken des Zugstabes mit der Schieblehre gemessen.

### 3.5.4 Dichte

Die Prüfung der Dichte erfolgt nach Stahleisenprüfblatt 88-69 [7].

### 3.5.5 Härte

Die Härte wurde nach HB 10/2,5 bestimmt.

3.6 Auswertung

Für jede der drei erwähnten Dichtegruppen einer Werkstoffvariante wurden Zugfestigkeit, Längenänderung und Bruchdehnung über der Versuchszeit in ein Schaubild eingetragen. Die einzelnen Meßpunkte wurden durch gerade Linien miteinander verbunden. Für die links, mittig und rechts im Sinterkasten angeordneten Proben wurden getrennte Kurven eingezeichnet. Ein Beispiel dafür ist in Abb. 2 gezeigt.

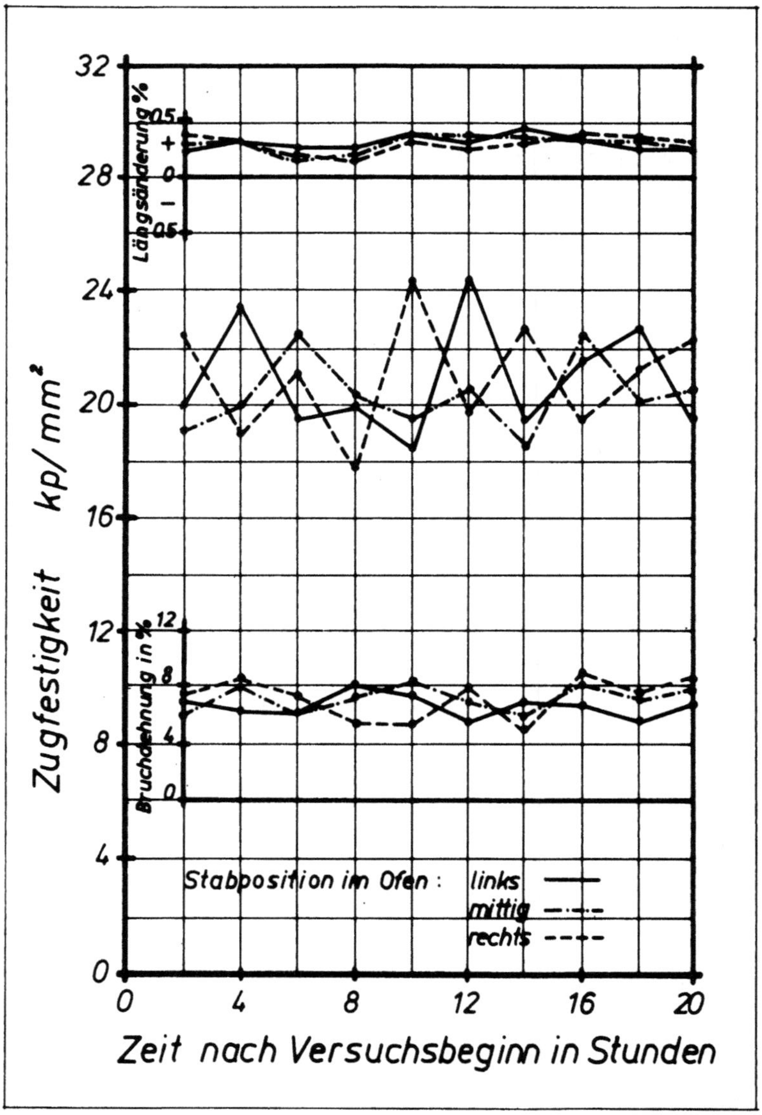


Abb. 2: Änderung von Zugfestigkeit, Dehnung und Längenänderung mit fortschreitender Versuchszeit

Neben der Kontrolle einer gleichmäßigen Sinterung über den Ofenquerschnitt gesehen, bietet dieses Diagramm außerdem die Möglichkeit bei Ausreißern einer Eigenschaft das Verhalten der beiden anderen unmittelbar zum Vergleich heranzuziehen.

Zur Beurteilung der Gleichmäßigkeit der beim Sintern erzielten Werkstoffqualität wurde die Häufigkeitsverteilung der ermittelten Zugfestigkeiten in Schritten von einem halben kp/mm² als Verteilungskurven abgebildet. Ein Beispiel hierzu zeigt Abb. 3.

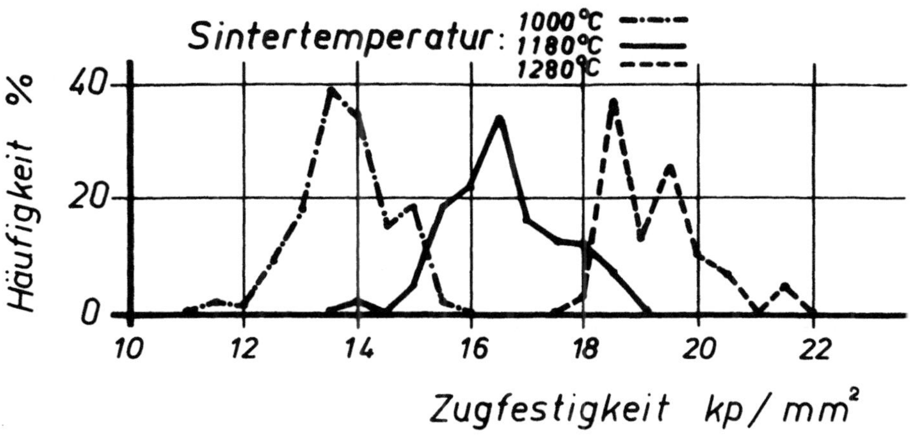


Abb. 3: Häufigkeitsverteilung der Zugfestigkeit in Abhängigkeit von der Sintertemperatur

Es muß an dieser Stelle noch gesagt werden, daß aufgrund der festgestellten Qualitätskonstanz über den Ofenquerschnitt diese Verteilungskurven und auch alle im Text folgenden Tabellen alle drei Sinterlagen "rechts", "mittig", "links" repräsentieren.

## 4. Versuchsergebnisse

### 4.1 Einfluß des Chargiergewichtes auf die Eigenschaften verschiedener Sintereisen-Werkstoffe

Durch die Größe des Chargiergewichtes ist der Ausnutzungsgrad des zur Verfügung stehenden Füllvolumens in Industrieöfen im wesentlichen Maße festgelegt und entscheidet nicht zuletzt über ihre Wirtschaftlichkeit.

Zum Transport des Sintergutes durch den hier verwendeten Hubbalkenofen werden sogenannte Sinterkästen verwendet, die einem äußerst starken Verschleiß unterliegen, so daß ein maximaler Ausnutzungsgrad des vorhandenen Packraumes eine unbedingte Notwendigkeit ist, da dieser Faktor besonders starken Einfluß auf die Fertigungskosten pulvermetallurgischer Erzeugnisse nimmt.

### 4.1.1 Einfluß des Chargiergewichtes auf unlegierte Sintereisen-Werkstoffe

Die Pulver für diese Versuchsreihe wurden, nachdem die Entscheidung für das RZ-Herstellungsverfahren feststand, nach dem Kriterium unterschiedlicher Feinheit ausgewählt. Zu diesem Vergleich boten sich die Sorten RZ 60; RZ 150 und RZ 400 an, deren maximale Teilchengröße entsprechend ihrer Bezeichnung 60, 150 und 400 ym beträgt. Entsprechend der unter Punkt 3 beschriebenen Planung wurde das Brutto-Gewicht der Einsatzkästen in den Stufen 6; 9 und 13 kg gesteigert. Die erzielten mechanischen Eigenschaften wie Zugfestigkeit, Bruchdehnung und Längenänderung, sind für die drei getesteten Dichtegruppen 6,6; 6,8; 7,0 g/cm³ in Auswertungstabellen eingetragen, deren erste Reihe den Werkstoff bzw. die Pulversorte angibt. Zur besseren Übersicht sind alle Ergebnisse der einzelnen Belastungsstufen in diagonaler Schreibweise angeordnet, die durch Zeile 2 der Tabelle erläutert ist.

Tab. 1: Einfluß des Chargengewichtes auf Zugfestigkeit, Bruchdehnung und Maßänderung von unlegierten Sintereisen-Werkstoffen

| | Pulver | RZ 60 | | | RZ 150 | | | RZ 400 | | |
|---|---|---|---|---|---|---|---|---|---|---|
| | Brutto-Gewicht je Sinterkasten in kg | 6 | 9 | 13 | 6 | 9 | 13 | 6 | 9 | 13 |
| Dichte 6,6 g/cm³ | Zugfestigkeit in kp/mm² | 18,9 | 17,8 | 18,1 | 16,9 | 15,9 | 15,7 | 16,2 | 15,3 | 15,3 |
| Dichte 6,6 g/cm³ | Bruchdehnung in % | 13,9 | 13,0 | 11,8 | 10,8 | 10,0 | 8,0 | 8,9 | 8,6 | 7,2 |
| Dichte 6,6 g/cm³ | Maßänderung in ± % | -0,54 | -0,41 | -0,40 | -0,43 | -0,36 | -0,40 | -0,59 | -0,42 | -0,20 |
| Dichte 6,8 g/cm³ | Zugfestigkeit in kp/mm² | 21,5 | 20,9 | 21,1 | 19,8 | 18,1 | 17,8 | 19,3 | 17,5 | 17,2 |
| Dichte 6,8 g/cm³ | Bruchdehnung in % | 16,2 | 15,0 | 14,2 | 13,0 | 13,0 | 11,0 | 11,4 | 10,0 | 7,2 |
| Dichte 6,8 g/cm³ | Maßänderung in ± % | -0,48 | -0,41 | -0,37 | -0,39 | -0,31 | -0,31 | -0,44 | -0,31 | -0,18 |
| Dichte 7,0 g/cm³ | Zugfestigkeit in kp/mm² | 23,3 | 22,3 | 22,6 | 21,4 | 20,7 | 21,0 | 21,0 | 19,1 | 20,1 |
| Dichte 7,0 g/cm³ | Bruchdehnung in % | 17,9 | 17,0 | 16,3 | 13,6 | 13,0 | 12,0 | 10,6 | 9,7 | 8,7 |
| Dichte 7,0 g/cm³ | Maßänderung in ± % | -0,41 | -0,37 | -0,36 | -0,37 | -0,31 | -0,30 | -0,30 | -0,29 | -0,17 |

Für die Zugfestigkeiten sind in allen drei Dichtegruppen (Tab. 1) zwar erkennbare, jedoch keine wesentlichen Zuwachsraten festzustellen; sie betragen im Höchstfall 2 kp/mm². Etwas deutlicher profitiert die Dehnbarkeit der Werkstoffe. Im Fall RZ 400, Dichte 6,8, ist durch Rücknahme des Chargiergewichtes von 13 auf 6 kg je Sinterkasten immerhin ein Anstieg der Bruchdehnung von 7,2 auf 11,4 d.h. um über 50 % zu verzeichnen. Durch diese Minderbelastung des Ofens - der Kasten enthält ja nur 3 kg Nutzlast - erreicht das Sintergut offensichtlich die Sintertemperatur früher als bei dem Versuch mit höherer Kastenbelastung, damit verlängert sich die Sinterzeit und es kommt, besonders bei dem groben Pulver, zu einer besseren Versinterung der Pulverteilchen. Es ist allerdings darauf hinzuweisen, daß die Versuchsreihe 4.2.1 eine Bestätigung dieser Annahme nur bei den feineren Pulvern geliefert hat. Natürlich macht sich diese Maßnahme folgerichtig als stärkere Schwindung in Form einer Verkürzung der Poren bemerkbar, was besonders bei grobem Pulver und niedriger Dichte (RZ 400, Dichte 6,6 g/cm$^3$) deutlich zum Ausdruck kommt.

Zur Bemessung der Gleichmäßigkeit der durchgeführten Sinterung wurde, wie bereits oben ausgeführt, die Häufigkeitsverteilung der ermittelten Zugfestigkeiten in Diagramme gefaßt. Aus Abb. 4 bis 6 (Bildteil) ist erkennbar, daß eine Einengung der Streubreite durch Reduzierung des Chargengewichtes nicht zu erreichen ist. Es wird lediglich deutlich, daß sich die Zugfestigkeiten des gröbsten der drei Eisenpulver auf einen breiteren Raum verteilen, während die Sorten RZ 60 und 150 doch mit hohen Spitzenwerten auf relativ schmale Bandbreiten von 1 bis 2 kp/mm$^2$ beschränkt bleiben und nur Einzelwerte nach oben und unten ausreißen.

4.1.2 Einfluß des Chargengewichtes auf mit Kupfer legierte Sintereisen-Werkstoffe

Die leichte Tendenz bessere Qualität mit sinkendem Chargengewicht, die bei den reinen Eisenwerkstoffen erkennbar war, läßt sich mit kupferlegierten Sintereisen nicht erzielen, wie aus Tab. 2 zu entnehmen ist.

Offenbar wird durch beschleunigende Wirkung der flüssigen Kupferphase auf die Sinterkinetik der günstige Einfluß geringerer Chargengewichte unterdrückt. Deutlich wird hingegen der für die pulvermetallurgischen Erzeugnisse so überaus wichtige Zuwachs an Festigkeit durch Zulegieren von Kupfer. Bei der einphasigen Eisen-Kupfer-Legierung ist durch Zusatz von 1,5 % Cu eine Steigerung der Zugfestigkeit von 20 bis 45 % zu erzielen. Überraschend ist das mit dem Werkstoff "SC 3010", d.h. Fe + 3 % Kupfer, erzielte Ergebnis, denn die ermittelten Zugfestigkeiten der einzelnen Dichtegruppen lagen im Durchschnitt um 1 bis 3 Einheiten niedriger als bei der Mischung mit nur 1,5 % Cu. Dieser Befund steht in eindeutigem Widerspruch zu den Ergebnissen der Untersuchungen von Zapf und Reinstadler [8], die durch die Erhöhung des Kupfergehaltes von 1,5 auf 3 % eine Verbesserung der Zugfestigkeit um ca. 4 kp/mm$^2$ fanden. Auch die absolut gemessenen Werte waren höher:

in der hier besprochenen Arbeit:

24 - 24,8 kp/mm$^2$ für 1,5 % Cu und 21,4 - 21,6 kp/mm$^2$ für 3 % Cu,

in der zitierten Arbeit:

30,0 kp/mm$^2$ für 1,5 % Cu und 34,0 kp/mm$^2$ für 3 % Cu.

Tab. 2: Einfluß des Chargengewichtes auf Zugfestigkeit, Bruchdehnung und Maßänderung von mit Kupfer legierten Sintereisen-Werkstoffen

| | Pulver | Fe ohne Cu<br>RZ 400 | Fe + 1,5 % Cu<br>"SC 1510" | Fe + 3 % Cu<br>"SC 3010" |
|---|---|---|---|---|
| | Brutto-Gewicht je Sinterkasten in kg | 6<br>9<br>13 | 6<br>9<br>13 | 6<br>9<br>13 |
| Dichte 6,6 $g/cm^3$ | Zugfestigkeit in $kp/mm^2$ | 16,2<br>15,3<br>15,3 | 19,4<br>20,3<br>20,5 | 18,4<br>18,4<br>19,4 |
| | Bruchdehnung in % | 8,9<br>8,6<br>7,2 | 5,0<br>5,0<br>4,5 | 4,0<br>3,5<br>6,0 |
| | Maßänderung in ± % | -0,59<br>-0,42<br>-0,20 | -0,17<br>-0,09<br>-0,18 | +0,40<br>+0,48<br>+0,42 |
| Dichte 6,8 $g/cm^3$ | Zugfestigkeit in $kp/mm^2$ | 19,3<br>17,5<br>17,2 | 24,0<br>24,0<br>24,8 | 21,4<br>21,5<br>21,6 |
| | Bruchdehnung in % | 11,4<br>10,0<br>7,2 | 6,0<br>6,0<br>5,0 | 4,5<br>4,5<br>5,0 |
| | Maßänderung in ± % | -0,44<br>-0,31<br>-0,18 | -0,12<br>-0,04<br>-0,13 | +0,43<br>+0,52<br>+0,39 |
| Dichte 7,0 $g/cm^3$ | Zugfestigkeit in $kp/mm^2$ | 21,0<br>19,1<br>20,1 | 28,4<br>27,9<br>29,5 | 26,9<br>26,6<br>27,7 |
| | Bruchdehnung in % | 10,6<br>9,7<br>8,7 | 7,0<br>6,5<br>7,0 | 5,0<br>5,5<br>6,0 |
| | Maßänderung in ± % | -0,30<br>-0,29<br>-0,17 | -0,11<br>-0,02<br>-0,11 | +0,47<br>+0,54<br>+0,42 |

Dieses Ergebnis macht die Unterschiede besonders deutlich, die bei der Sinterung im Industrie-Ofen (diese Arbeit) und im Laborofen (zitierte Arbeit) auftreten können. Es muß im Zusammenhang hiermit auf Abb. 7 verwiesen werden, die die Unterschiede in der Sinterdichte verdeutlicht, die sich durch unterschiedliches Schwellen der Proben in der vorliegenden Untersuchung ergaben.

Als weitere Erklärung muß auf die Arbeit von Zapf, Niessen, Reinstadler [9] verwiesen werden, in der die Wärmebehandlung legierter Sinterstähle mit Kupfer und Nickel als Legierungselemente untersucht worden ist und auf die unterschiedlichen Festigkeitswerte verwiesen ist, die sich unter unterschiedlichen Abschreckbedingungen ergeben können. Solche unterschiedlichen Abschreckbedingungen haben hier zwischen Industrie- und Laborofen sicher vorgelegen.

Aus den $\sigma_B$-Häufigkeitskurven in den Abb. 8 bis 10 (Bildteil) wird deutlich, daß durch das Zulegieren von Kupfer die Ungleichmäßigkeit der erzielten Festigkeitswerte zunimmt. Während die reinen Eisenpulver über Bandbreiten von 4 bis 5,5 $kp/mm^2$ streuen, überdecken die kupferlegierten Werkstoffe ein Feld von 6 bis 9 Festigkeitseinheiten.

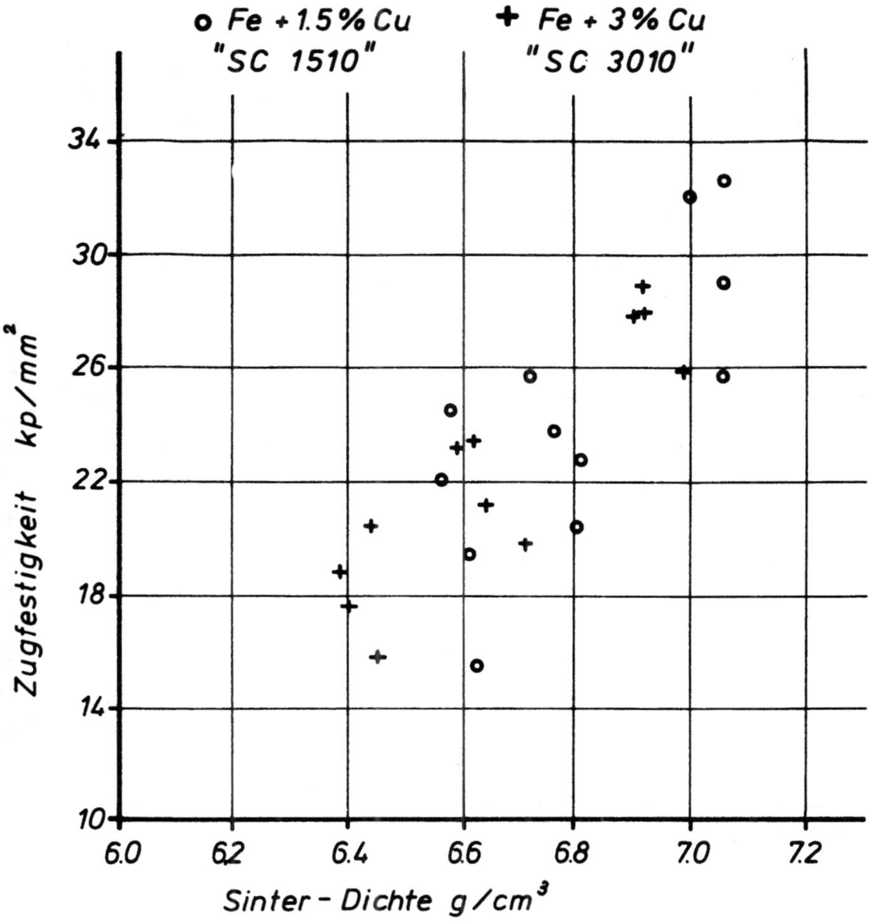


Abb. 7: Vergleich der Zugfestigkeit von Sintereisen-Werkstoffen mit 1,5 und 3 % Kupfer in Abhängigkeit von der Sinterdichte

4.1.3 Einfluß des Chargengewichtes auf mit Kupfer und Nickel legierte Sintereisen-Werkstoffe

Die Auswertungstabelle 3 zeigt, daß auch im Falle der Legierungen Eisen-Kupfer-Nickel keine Beeinflussung der Festigkeitswerte durch Verringerung der Sinterkastenfüllung zu erreichen ist. Im Falle der Mischung 3Cu/5Ni macht sich sogar eine leicht gegenläufige Tendenz bemerkbar, die allerdings als innerhalb der normalen Streubreite einzuschätzen ist und somit nicht als direkte Reaktion auf das geänderte Chargengewicht gelten kann. Ausgehend von den Zugfestigkeiten der Mischung mit 3 % Kupfer sind durch Zugabe von 2,5 % Nickel in den hier getesteten Dichtestufen Gewinne von 6 bis 9 Zugfestigkeitseinheiten zu verzeichnen. Die weitere Erhöhung des Nickelgehaltes um weitere 2,5 % auf einen Endgehalt von 5 % ergibt nochmals eine Steigerung der

Festigkeit um 6 bis 7 kp/mm². Gleichzeitig sinkt natürlich mit wachsender Nickelzugabe die Bruchdehnung des Werkstoffes im Vergleich zur Mischung Fe + 3 % Cu, und zwar auf etwa den halben Betrag. Eine Überprüfung der mit diesen Mischungen erzielbaren Gleichmäßigkeiten anhand der Verteilungskurven in Abb. 11 bis 13 (Bildteil) unterstreicht die bereits getroffene Feststellung, daß die Streuung der Festigkeitswerte mit wachsendem Legierungsanteil zunimmt. Mit der Kombination 3 % Cu/2,5 % Ni läßt sich hier noch die beste Eigenschaftskonstanz erreichen.

Tab. 3: Einfluß des Chargengewichtes auf Zugfestigkeit, Bruchdehnung und Maßänderung von mit Kupfer und Nickel legierten Sintereisen-Werkstoffen

| | Pulver | Fe + 3 % Cu "SC 3010" | | | Fe+3%Cu+2,5%Ni "RZ150/3/2,5" | | | Fe+3%Cu+5%Ni "RZ150/3/5" | | |
|---|---|---|---|---|---|---|---|---|---|---|
| | Brutto-Gewicht je Sinterkasten in kg | 6 | 9 | 13 | 6 | 9 | 13 | 6 | 9 | 13 |
| Dichte 6,6 g/cm³ | Zugfestigkeit in kp/mm² | 18,4 | 18,4 | 19,4 | 26,6 | 27,4 | 25,5 | 32,3 | 33,1 | 33,9 |
| | Bruchdehnung in % | 4,0 | 3,5 | 6,0 | 3,9 | 2,2 | 2,8 | 2,0 | 2,6 | 2,9 |
| | Maßänderung in ± % | +0,40 | +0,48 | +0,42 | +0,41 | +0,46 | +0,37 | +0,06 | +0,06 | +0,01 |
| Dichte 6,8 g/cm³ | Zugfestigkeit in kp/mm² | 21,4 | 21,5 | 21,6 | 30,6 | 31,2 | 30,8 | 36,6 | 37,7 | 38,8 |
| | Bruchdehnung in % | 4,5 | 4,5 | 5,0 | 2,1 | 3,9 | 3,6 | 2,4 | 3,2 | 3,0 |
| | Maßänderung in ± % | +0,43 | +0,52 | +0,39 | +0,43 | +0,47 | +0,41 | +0,09 | +0,19 | +0,13 |
| Dichte 7,0 g/cm³ | Zugfestigkeit in kp/mm² | 26,9 | 26,6 | 27,7 | 33,3 | 33,8 | 34,0 | 40,8 | 42,2 | 41,5 |
| | Bruchdehnung in % | 5,0 | 5,5 | 6,0 | 2,8 | 5,2 | 3,8 | 2,4 | 3,8 | 3,0 |
| | Maßänderung in ± % | +0,47 | +0,54 | +0,42 | +0,43 | +0,49 | +0,47 | +0,22 | +0,29 | +0,19 |

## 4.2 Einfluß der Chargierzeit auf die Eigenschaften verschiedener Sintereisen-Werkstoffe

Als weitere wichtige Größe für den Betrieb eines Industrieofens war die Untersuchung der Chargierzeit bzw. der in der Zeiteinheit durchgesetzten Mengen an Sintergut von Interesse. Dieser Faktor, der sich beim Beispiel des Hubbalkenofens aus der Nettofüllung des Sinterkastens und seiner pro Zeiteinheit durchsetzbaren Anzahl errechnet, ist die wichtigste Kenngröße, die über Erwerb und Betrieb eines Sinterofens entscheidet.

### 4.2.1 Einfluß der Chargierzeit auf unlegierte Sintereisen-Werkstoffe

Tab. 4 ist zu entnehmen, daß eine Einflußnahme auf die Zugfestigkeit über den Parameter "Sinterdauer" in dem hier untersuchten Bereich nicht möglich ist. Bei den beiden feineren Pulversorten RZ 60 und RZ 150 zeigt sich aber, offenbar dank der größeren spezifischen Oberfläche, ein leichter Gewinn an Bruchdehnung. Dieser leichte Profit an Qualität würde jedoch vom betriebswirtschaftlichen Standpunkt aus keineswegs eine Maßnahme rechtfertigen, die eine Herabsetzung der Ofenleistung um 40 % verlangt. Dies trifft zumindest für die beiden unteren Dichtegruppen 6,6 und 6,8 zu. In der Dichteklasse 7,0 sind allerdings bei den beiden feineren Pulversorten deutliche Zunahmen an Bruchdehnung erzielbar, und zwar von 13 auf 17,5 bzw. 9 auf 14,0 %. Ein Vorteil, für den sich die hohe zeitliche und damit finanzielle Investition unter Umständen noch lohnen könnte. Dies sicherlich dennoch nur in Sonderfällen, zumeist dürfte das gestellte Problem durch legierungstechnische Maßnahmen preisgünstiger zu lösen sein, z.B. Zulegieren von Phosphor [10].

Tab. 4: Einfluß der Chargierzeit auf Zugfestigkeit, Bruchdehnung und Maßänderung von unlegierten Sintereisen-Werkstoffen

| | Pulver | RZ 60 | | | RZ 150 | | | RZ 400 | | |
|---|---|---|---|---|---|---|---|---|---|---|
| | Chargiertakt in Min. | 12 | 15 | 20 | 12 | 15 | 20 | 12 | 15 | 20 |
| Dichte 6,6 g/cm³ | Zugfestigkeit in kp/mm² | 17,5 | 18,1 | 17,9 | 15,8 | 15,7 | 15,7 | 14,9 | 15,5 | 15,2 |
| | Bruchdehnung in % | 11,0 | 11,8 | 13,0 | 8,0 | 8,0 | 10,0 | 7,0 | 7,2 | 7,4 |
| | Maßänderung in ± % | -0,35 | -0,40 | -0,45 | -0,30 | -0,34 | -0,39 | -0,20 | -0,20 | -0,24 |
| Dichte 6,8 g/cm³ | Zugfestigkeit in kp/mm² | 18,8 | 21,1 | 20,8 | 18,0 | 17,8 | 17,7 | 17,6 | 17,3 | 16,9 |
| | Bruchdehnung in % | 12,5 | 14,2 | 14,0 | 9,0 | 11,0 | 12,0 | 9,0 | 7,2 | 9,0 |
| | Maßänderung in ± % | -0,35 | -0,37 | -0,44 | -0,30 | -0,31 | -0,35 | -0,17 | -0,18 | -0,21 |
| Dichte 7,0 g/cm³ | Zugfestigkeit in kp/mm² | 21,2 | 22,6 | 22,6 | 20,1 | 21,0 | 21,0 | 19,8 | 20,0 | 20,5 |
| | Bruchdehnung in % | 13,0 | 16,3 | 17,5 | 9,0 | 12,0 | 14,0 | 9,0 | 8,7 | 9,7 |
| | Maßänderung in ± % | -0,36 | -0,36 | -0,41 | -0,28 | -0,30 | -0,35 | -0,16 | -0,17 | -0,17 |

Auch hinsichtlich der qualitativen Gleichmäßigkeit der erzeugten Produkte scheint sich eine Verlängerung der Sinterdauer nicht zu rentieren. Wie aus den Abb. 14 bis 16 (Bildteil) zu ersehen ist, kann das Streufeld der Festigkeitswerte nicht noch weiter eingeengt werden. Die Bandbreite von 4 Festigkeitseinheiten und Häufigkeitsspitzen von 40 bis 50 % stellen offenbar schon gewisse Grenzwerte dar.

### 4.2.2 Einfluß der Chargierzeit auf mit Kupfer legierte Sintereisen-Werkstoffe

Ein Zuwachs an Bruchdehnung mit der Länge der Sinterzeit, wie es für Eisenwerkstoffe gefunden wurde, ist im binären System Eisen-Kupfer nicht feststellbar. Dies liegt sicherlich nicht nur an der Tatsache, daß alle drei untersuchten Pulver in Teilchengrößenverteilung ähnlich RZ 400 sind, auf das ja die Sinterzeit ohne Einfluß blieb, sondern vielmehr dürfte das Sintern mit flüssiger Phase den Ablauf des Sintervorgangs in einem so starken Maße prägen, so daß die versprödende Wirkung der Kupferausscheidungen Zuwachstendenzen der Bruchdehnung nicht in Erscheinung treten lassen (siehe Tab. 5).

<u>Tab. 5:</u> Einfluß der Chargierzeit auf Zugfestigkeit, Bruchdehnung und Maßänderung von mit Kupfer legierten Sintereisen-Werkstoffen

| | Pulver | Fe ohne Cu "RZ 400" | Fe + 1,5 % Cu "SC 1510" | Fe + 3 % Cu "SC 3010" |
|---|---|---|---|---|
| | Chargiertakt in Min. | 12<br>15<br>20 | 12<br>15<br>20 | 12<br>15<br>20 |
| Dichte 6,6 $g/cm^3$ | Zugfestigkeit in $kp/mm^2$ | 14,9<br>15,5<br>15,2 | 20,8<br>20,5<br>22,8 | 19,4<br>19,4<br>19,3 |
| | Bruchdehnung in % | 7,0<br>7,2<br>7,4 | 5,5<br>4,5<br>6,0 | 4,5<br>4,0<br>4,0 |
| | Maßänderung in ± % | -0,20<br>-0,20<br>-0,24 | -0,07<br>-0,18<br>-0,15 | +0,46<br>+0,36<br>+0,44 |
| Dichte 6,8 $g/cm^3$ | Zugfestigkeit in $kp/mm^2$ | 17,6<br>17,3<br>16,9 | 23,2<br>24,8<br>24,0 | 22,2<br>21,6<br>21,6 |
| | Bruchdehnung in % | 9,0<br>7,2<br>9,0 | 5,5<br>5,0<br>6,0 | 5,0<br>5,0<br>5,0 |
| | Maßänderung in ± % | -0,17<br>-0,18<br>-0,21 | -0,08<br>-0,13<br>-0,11 | +0,49<br>+0,36<br>+0,39 |
| Dichte 7,0 $g/cm^3$ | Zugfestigkeit in $kp/mm^2$ | 19,8<br>20,0<br>20,5 | 27,6<br>29,5<br>28,5 | 27,1<br>27,7<br>26,9 |
| | Bruchdehnung in % | 9,0<br>8,7<br>9,7 | 6,0<br>7,0<br>7,0 | 5,0<br>6,0<br>6,0 |
| | Maßänderung in ± % | -0,16<br>-0,17<br>-0,17 | -0,07<br>-0,11<br>-0,07 | +0,52<br>+0,42<br>+0,44 |

Die in den Abb. 17 bis 19 (Bildtafel) aufgetragenen Kurven der Häufigkeitsverteilung unterstützen zwar grundsätzlich den Befund erhöhter Ungleichmäßigkeit bei Zugabe von Legierungsanteilen, für die Mischung mit niedrigerem Kupfergehalt "SC 1510", besonders bei der untersten Dichtestufe, scheint jedoch eine bedeutend größere Streubreite der Zugfestigkeiten charakteristisch zu sein.

### 4.2.3 Einfluß der Chargierzeit auf mit Kupfer und Nickel legierte Sintereisen-Werkstoffe

Die getesteten Werkstoffe aus dem ternären System Eisen-Kupfer-Nickel ändern ihre mechanischen Eigenschaften bei Verlängerung der Sinterzeit gleichfalls nur unerheblich (Tab. 6).

Tab. 6: Einfluß der Chargierzeit auf Zugfestigkeit, Bruchdehnung und Maßänderung von mit Kupfer und Nickel legierten Sintereisen-Werkstoffen

| | Pulver | Fe + 3 % Cu "SC 3010" | | | Fe+3%Cu+2,5%Ni "RZ150/3/2,5" | | | Fe+3%Cu+5%Ni "RZ150/3/5" | | |
|---|---|---|---|---|---|---|---|---|---|---|
| | Chargiertakt in Min. | 12 | 15 | 20 | 12 | 15 | 20 | 12 | 15 | 20 |
| Dichte 6,6 g/cm³ | Zugfestigkeit in kp/mm² | 19,4 | 19,4 | 19,3 | 26,7 | 25,5 | 26,1 | 35,0 | 33,9 | 32,9 |
| | Bruchdehnung in % | 4,5 | 4,0 | 4,0 | 2,7 | 2,8 | 2,4 | 3,5 | 2,9 | 3,5 |
| | Maßänderung in ± % | +0,46 | +0,36 | +0,44 | +0,34 | +0,37 | +0,23 | -0,03 | +0,01 | +0,22 |
| Dichte 6,8 g/cm³ | Zugfestigkeit in kp/mm² | 22,2 | 21,6 | 21,6 | 31,3 | 30,8 | 32,2 | 39,7 | 38,8 | 37,5 |
| | Bruchdehnung in % | 5,0 | 5,0 | 5,0 | 3,4 | 3,6 | 3,9 | 4,2 | 3,0 | 4,8 |
| | Maßänderung in ± % | +0,49 | +0,36 | +0,39 | +0,33 | +0,41 | +0,31 | +0,03 | +0,13 | +0,29 |
| Dichte 7,0 g/cm³ | Zugfestigkeit in kp/mm² | 27,1 | 27,7 | 26,9 | 33,8 | 34,0 | 34,2 | 43,1 | 41,5 | 41,5 |
| | Bruchdehnung in % | 5,0 | 6,0 | 6,0 | 3,3 | 3,8 | 3,6 | 4,9 | 3,0 | 5,0 |
| | Maßänderung in ± % | +0,52 | +0,42 | +0,44 | +0,39 | +0,47 | +0,40 | +0,27 | +0,19 | +0,37 |

Bei der Variante "3 Cu/5 Ni" muß zwar in der Zugfestigkeit bei Übergang auf einen Chargiertakt von 20 Minuten ein leichter Rückgang der Zugfestigkeit registriert werden, der möglicherweise schon auf einen Abbau der nickelreichen Sinterbrücken hoher Festigkeit hindeuten könnte, aus der Größenordnung von nur zwei Zugfestigkeitseinheiten dieser Änderung ist diese Theorie allerdings nicht deutlich genug zu beweisen. Aus dem sichtbaren Ansatz dieser Tendenz darf allerdings abgeleitet werden, daß eine weitere Verlängerung der Sinterzeit zu einem Rückgang der Zugfestigkeitswerte führen würde. Die graphische Darstellung der $\sigma_B$-Häufigkeitsverteilung in den Abb. 20 bis 22 (Bildteil) bringt im wesentlichen keine neuen Erkenntnisse. Sie machen nochmals deutlich, daß bei steigendem Anteil von Legierungszuschlägen mit größeren Streubreiten der Festigkeitseigenschaften zu rechnen ist. Diese steigen für die Mischung mit 3 % Cu und 5 % Ni auf Bandbreiten von 6 bis 9 kp/mm$^2$ an, außerdem erreichen die Maxima der Häufigkeit kaum noch 20 %.

### 4.3 Einfluß der Sintertemperatur auf die Eigenschaften verschiedener Sintereisen-Werkstoffe

Die in der Pulvermetallurgie verwendeten Elemente besitzen stark unterschiedliche Schmelzpunkte und Diffusionskoeffizienten, so daß sie zwangsläufig bei ein und derselben Sintertemperatur auch voneinander abweichende Sinteraktivitäten entwickeln müssen. Die Untersuchung dieses Parameters war daher im Rahmen der gestellten Aufgabe ein unbedingtes Gebot.

#### 4.3.1 Einfluß der Sintertemperatur auf unlegierte Sintereisen-Werkstoffe

Im Gegensatz zu den verhältnismäßig wenig einflußnehmenden Größen wie Chargengewicht und Sinterzeit kommen bei Änderung der Sintertemperatur doch sichtlich stärkere Reaktionen der mechanischen Eigenschaften zustande. Aus den Werten dieser Testreihe wurde Tab. 7 gebildet. Die Abhängigkeit der erreichbaren Werkstoffgüte von der spezifischen Oberfläche des verwendeten Pulvers, bzw. der Größe, der sich aus der Berührung der einzelnen Pulverteilchen ergebenden Kontaktfläche, tritt hier in starkem Maße in Erscheinung. Hinsichtlich der Zugfestigkeit ist eine Zunahme allerdings erst bei Übergang von RZ 150 auf die nächst feinere Sorte RZ 60 festzustellen, während für die Bruchdehnung bereits die Stufe RZ 400 bis RZ 150 einen deutlichen Gewinn bringt. Für die Bruchdehnung können vom gröbsten bis zum feinsten Pulver immerhin Zuwachsraten von 50 bis 100 % verzeichnet werden, der gleiche Schritt läßt die Zugfestigkeit um 20 bis 35 % ansteigen.

Auf eine Anhebung der Sintertemperatur reagieren alle drei Pulversorten relativ gleichmäßig stark. Die Umstellung von 1000°C auf 1180°C bringt eine durchschnittliche Aufbesserung der Zugfestigkeit um 26 %, wobei für sich gesehen die Dichtegruppe 7,0 mit 30 % die größte und die Dichtegruppe 6,6 mit 22 % die niedrigste Zuwachsrate erzielten. Dieser Unterschied ist wiederum als logische Folge der zum Versintern von Pulver-Preßkörpern zur Verfügung stehenden größeren Kontaktfläche von Werkstoffen höherer Dichte zu sehen. Durch weitere Hochschaltung der Sintertemperatur auf 1280°C wird in den meisten Fällen die Maximalschwelle der $\sigma_B$-Werte bereits überschritten. Dies trifft zumindest für die Dichten 6,8 und 7,0 g/cm$^3$ zu, aber auch für Dichtegruppe 6,6 scheint eine höhere Investition an Heizenergie nicht unbedingt lohnend zu sein, da sich dadurch lediglich Aufbesserungen der Zugfestigkeiten von 5 bis 10 % erreichen lassen und dies auch nur mit RZ 60 und RZ 150.

**Tab. 7:** Einfluß der Sintertemperatur auf Zugfestigkeit, Bruchdehnung und Maßänderung von unlegierten Sintereisen-Werkstoffen

| | Pulver | RZ 60 | | | RZ 150 | | | RZ 400 | | |
|---|---|---|---|---|---|---|---|---|---|---|
| | Sinter-Temperatur °C | 1000 | 1180 | 1280 | 1000 | 1180 | 1280 | 1000 | 1180 | 1280 |
| Dichte 6,6 $g/cm^3$ | Zugfestigkeit in $kp/mm^2$ | 15,6 | 18,1 | 18,9 | 12,9 | 15,7 | 17,3 | 11,8 | 15,3 | 15,2 |
| | Bruchdehnung in % | 9,7 | 11,8 | 14,2 | 7,0 | 8,0 | 11,0 | 6,3 | 7,2 | 8,2 |
| | Maßänderung in ± % | -0,47 | -0,40 | -0,61 | -0,36 | -0,34 | -0,55 | -0,36 | -0,20 | -0,55 |
| Dichte 6,8 $g/cm^3$ | Zugfestigkeit in $kp/mm^2$ | 17,4 | 21,1 | 20,5 | 14,4 | 17,8 | 17,5 | 12,8 | 17,2 | 16,6 |
| | Bruchdehnung in % | 11,3 | 14,2 | 17,2 | 7,0 | 11,0 | 11,0 | 6,7 | 7,2 | 9,1 |
| | Maßänderung in ± % | -0,46 | -0,37 | -0,59 | -0,36 | -0,31 | -0,59 | -0,35 | -0,18 | -0,48 |
| Dichte 7,0 $g/cm^3$ | Zugfestigkeit in $kp/mm^2$ | 18,4 | 16,3 | 18,6 | 15,8 | 21,0 | 19,7 | 15,1 | 20,1 | 19,2 |
| | Bruchdehnung in % | 12,4 | 16,3 | 18,6 | 8,0 | 12,0 | 13,0 | 7,3 | 8,7 | 11,1 |
| | Maßänderung in ± % | -0,46 | -0,36 | -0,58 | -0,35 | -0,30 | -0,54 | -0,35 | -0,17 | -0,45 |

Die Bruchdehnung reagiert vergleichsweise viel empfindlicher und weitgehender auf eine Änderung der Sintertemperatur als die Zugfestigkeit. So ist für die erste Schaltstufe 1000° bis 1180°C ein relativer Anstieg um durchschnittlich 27 % zu verzeichnen und beim nächsten Schritt auf 1280°C immer noch eine Steigerung von durchschnittlich 18 %. Zunahmen der Dehnbarkeit bei RZ 60, Dichte 7,0 von 12,4 auf 18,6 % oder bei RZ 150 von 8,0 auf 13,0 % in der gleichen Dichtegruppe sind erheblich genug, um die Wirtschaftlichkeit eines Ofenbetriebes bei höheren Temperaturen im Bedarfsfalle zu rechtfertigen.

Den Abb. 23 bis 25 (Bildteil) der Häufigkeitsverteilung ist zu entnehmen, daß eine Steigerung der Sintertemperatur auf die Gleichmäßigkeit der erzielten Festigkeitswerte keinen Einfluß hat. Es wird lediglich nochmals unterstrichen, daß reine Eisenwerkstoffe eine höhere Qualitätskonstanz bieten können als gemischt legierte Pulver.

### 4.3.2 Einfluß der Sintertemperatur auf mit Kupfer legierte Sintereisen-Werkstoffe

Obwohl es vom pulvermetallurgischen Standpunkt aus gesehen nicht effektiv ist, kupferlegierte Werkstoffe unterhalb des Kupferschmelzpunktes zu sintern, schon aus Gründen des nicht eintretenden schwundkompensierenden Effektes und ebenso der zu erwartenden Einbuße an Festigkeitsgewinn, wurde die Variante 1000°C aus Vergleichsgründen mit in diesen Versuch einbezogen. Es zeigte sich dadurch (Tab. 8), daß Kupfer auch im festen Aggregatzustand die Zugfestigkeit im ganz wesentlichen Maße zu steigern vermag.

<u>Tab. 8:</u> Einfluß der Sintertemperatur auf Zugfestigkeit, Bruchdehnung und Maßänderung von mit Kupfer legierten Sintereisen-Werkstoffen

| | Pulver | Fe ohne Cu "RZ 400" | | | Fe + 1,5 % Cu "SC 1510" | | | Fe + 3 % Cu "SC 3010" | | |
|---|---|---|---|---|---|---|---|---|---|---|
| | Sinter-Temperatur °C | 1000 | 1180 | 1280 | 1000 | 1180 | 1280 | 1000 | 1180 | 1280 |
| Dichte 6,6 $g/cm^3$ | Zugfestigkeit in $kp/mm^2$ | 11,8 | 15,3 | 15,2 | 17,2 | 20,5 | 22,4 | 15,5 | 19,4 | 19,5 |
| | Bruchdehnung in % | 6,3 | 7,2 | 8,2 | 7,0 | 4,5 | 4,0 | 5,0 | 4,0 | 2,4 |
| | Maßänderung in ± % | -0,36 | -0,20 | -0,55 | -0,29 | -0,18 | -0,11 | -0,10 | +0,36 | +0,42 |
| Dichte 6,8 $g/cm^3$ | Zugfestigkeit in $kp/mm^2$ | 12,8 | 17,2 | 16,6 | 18,7 | 24,8 | 24,3 | 16,5 | 21,6 | 22,6 |
| | Bruchdehnung in % | 6,7 | 7,2 | 9,1 | 6,5 | 5,0 | 4,0 | 6,0 | 5,0 | 3,5 |
| | Maßänderung in ± % | -0,35 | -0,18 | -0,48 | -0,28 | -0,13 | -0,09 | -0,08 | +0,39 | +0,43 |
| Dichte 7,0 $g/cm^3$ | Zugfestigkeit in $kp/mm^2$ | 15,1 | 20,1 | 19,2 | 22,8 | 29,5 | 29,3 | 22,0 | 27,7 | 28,3 |
| | Bruchdehnung in % | 7,3 | 8,7 | 11,1 | 8,5 | 7,0 | 5,5 | 7,5 | 6,0 | 5,0 |
| | Maßänderung in % | -0,35 | -0,17 | -0,45 | -0,20 | -0,11 | -0,08 | -0,08 | +0,42 | +0,44 |

Durch Zugabe von 1,5 % konnte ein nicht zu erwartender großer Anstieg der Zugfestigkeit um nahezu 50 % erzielt werden. In Dichtegruppe 7,0 stieg die Zugfestigkeit um 7,7 Einheiten, d.h. von 15,1 auf 22,8 oder in der niedrigsten Dichtegruppe beispielsweise von 11,8 auf 17,2 $kp/mm^2$. Dieser Gewinn ist umso wertvoller, als dabei kein Rückgang der Bruchdehnung eintritt. Durch Übergang auf Sinterung mit flüssiger Phase, d.h. Temperaturstufe 1180°C, läßt sich die Zugfestigkeit der beiden Eisen-Kupfer-Legierungen nochmals um 20 bis 30 % anheben. Der Übergang auf die nächsthöhere Temperaturstufe 1280°C bleibt im großen und ganzen ohne Einfluß auf die Zugfestigkeit. Die Dehnbarkeit des Materials reagiert auf Steigerung der Sintertemperatur im rückläufigen Sinne, und zwar bei beiden Temperaturschritten etwa in gleichem Maße. Es ist eine absolute Einbuße von 2,5 bis 3,0 Einheiten festzustellen. Im Hinblick auf die Effektlosigkeit der Temperatursteigerung von 1180° auf 1280° bezüglich Zugfestigkeit des Materials ist aufgrund des nun festgestellten Verlustes an Dehnbarkeit von Sintertemperaturen, die höher liegen als 1180°C, abzuraten.

Die Verteilungskurven für die Häufigkeit in den Abb. 26 bis 28 (Bildteil) lassen nochmals erkennen, daß durch Zugabe von Kupfer, auch ohne Sinterung mit flüssiger Phase, ein erheblicher Zuwachs an Zugfestigkeit zu erzielen ist. Es zeigt sich außerdem, daß der Werkstoff mit 1,5 % Kupfer eine wesentliche größere Streubreite aufweist, wenn man die beiden höheren Temperaturstufen betrachtet, als die Pulversorte "SC 3010" mit 3 % Kupfer, deren vergleichbare Verteilungskurven eine deutlich kompaktere Gestalt haben. Die große Streubreite der Festigkeitswerte des niedriger legierten Werkstoffs "SC 1510" steht möglicherweise ursächlich in Zusammenhang mit der außergewöhnlichen Tendenz der hohen $\sigma_B$-Werte im Vergleich zur Legierung mit 3 % Cu.

### 4.3.3 Einfluß der Sintertemperatur auf mit Kupfer und Nickel legierte Sintereisen-Werkstoffe

Im Dreistoffsystem Eisen-Kupfer-Nickel blieben die Versuche auf die zwei Temperaturstufen 1180° und 1280° beschränkt, da die Anwendung von Sintertemperaturen um 1000°, wegen der bei solchen Temperaturen äußerst mangelhaften Sinteraktivität des teuren Legierungselementes Nickel, in der pulvermetallurgischen Praxis nicht üblich sind.

Ausgehend von der Zusammensetzung Eisen + 3 % Kupfer wurde Nickel in Stufen von jeweils 2,5 % zulegiert. Durch den ersten Schritt kann in der Zugfestigkeit ein Gewinn von 32; 43 und 23 % für die Dichte 6,6; 6,8 und 7,0 g/cm³ erzielt werden (siehe Tab. 9). Auch der zweite Schritt auf einen Endgehalt von 5 % Nickel bringt einen Festigkeitszuwachs gleicher Größenordnung. Allerdings muß gleichzeitig für die Dehnung ein leichter Rückgang verzeichnet werden.

Für alle drei getesteten Werkstoffe stellt sich durch Erhöhung der Sintertemperatur von 1180° auf 1280°C nur eine leichte Verbesserung der Zugfestigkeit ein. Für den Werkstoff Eisen + 3 % Kupfer hat diese Maßnahme sogar den Nachteil eines Verlustes an Dehnbarkeit, wie ja bereits die Auswertung der Versuche an Eisen-Kupfer-Sinterlegierungen im vorhergehenden Abschnitt gezeigt haben. Bezüglich der Bruchdehnung der kupfer- und nickelhaltigen Varianten scheint sich aufgrund der recht mageren Ausbeute, eine Steigerung der Sintertemperatur nicht zu rentieren. Als Negativum stellt sich außerdem für den Werkstoff mit 5 % Nickel ein wesentlich verstärktes Schrumpfverhalten ein, im Falle der Mischung 3 % Cu, 2,5 % Nickel schlägt sogar in den Dichtegruppen 6,8 und 7,0 das bei 1180°C noch festzustellende Wachstum von etwa + 0,4 % in eine Verkürzung der Proben von -0,3 bis -0,5 % um. Eine Entscheidung für oder wider eine der beiden hier getesteten Temperaturstufen kann also nur unter besonderer Berücksichtigung des in diesem Temperaturbereich offensichtlich recht empfindlich reagierenden Maßverhaltens der beiden Legierungen getroffen werden.

Eine Empfehlung in dieser Beziehung ist genausowenig aus den Häufigkeitsverteilungen der $\sigma_B$-Werte, die in den Abb. 29 bis 31 (Bildteil) dargestellt sind, zu erhalten. In beiden Temperaturstufen streuen die für die Zugfestigkeit ermittelten Werte gleichmäßig stark. Bestätigt wird wiederum das günstigere Ergebnis für Werkstoffe mit niedrigerem Legierungsanteil.

Tab. 9: Einfluß der Sintertemperatur auf Zugfestigkeit, Bruchdehnung und Maßänderung von mit Kupfer und Nickel legierten Sintereisen-Werkstoffen

| | Pulver | Fe + 3 % Cu<br>"SC 3010" | Fe+3%Cu+2,5%Ni<br>"RZ150/3/2,5" | Fe+3%Cu+5%Ni<br>"RZ150/3/5" |
|---|---|---|---|---|
| | Sinter-<br>Temperatur °C | 1180<br>1280 | 1180<br>1280 | 1180<br>1280 |
| Dichte 6,6 g/cm³ | Zugfestigkeit<br>in kp/mm² | 19,4<br>19,5 | 25,5<br>28,4 | 36,9<br>39,6 |
| | Bruchdehnung<br>in % | 4,0<br>2,4 | 2,8<br>3,3 | 2,9<br>2,6 |
| | Maßänderung<br>in ± % | +0,36<br>+0,42 | +0,37<br>+0,22 | -0,37<br>-0,99 |
| Dichte 6,8 g/cm³ | Zugfestigkeit<br>in kp/mm² | 21,6<br>22,6 | 30,8<br>32,8 | 40,8<br>43,5 |
| | Bruchdehnung<br>in % | 5,0<br>3,5 | 3,6<br>5,5 | 3,0<br>3,6 |
| | Maßänderung<br>in ± % | +0,39<br>+0,43 | +0,41<br>-0,49 | -0,28<br>-0,72 |
| Dichte 7,0 g/cm³ | Zugfestigkeit<br>in kp/mm² | 27,7<br>28,3 | 34,0<br>35,1 | 42,5<br>45,8 |
| | Bruchdehnung<br>in % | 6,0<br>5,0 | 3,8<br>5,0 | 3,0<br>3,7 |
| | Maßänderung<br>in ± % | +0,42<br>+0,44 | +0,47<br>-0,30 | -0,09<br>-0,43 |

## 4.4 Bestimmung des Temperaturgradienten zwischen Ofenraum und Charge

Dem letzten Abschnitt muß entnommen werden, daß die Sintertemperatur die vorherrschende Rolle unter den die Werkstoffqualität bestimmenden Sinterbedingungen einnimmt. Die Kontrolle der Arbeitstemperatur in Sinteröfen erfolgt vorwiegend über Thermoelemente, deren Anordnung im Ofen aufgrund der stark unterschiedlichen Bautypen auch äußerst verschiedene Positionen, bezogen auf das Sintergut, einnehmen. Es entsteht dadurch ein Gefälle zwischen der Temperatur unmittelbar am Meßfühler und der Temperatur im Sintergut, der sogenannte Temperaturgradient.

Meßstellen, die unmittelbar im Arbeitsraum des Ofens angebracht werden können, garantieren höhere Genauigkeiten als solche, die aufgrund der Ofenkonstruktion, wie beispielsweise bei Bandöfen, vorzugsweise außerhalb der geschlossenen Ofenmuffel angeordnet sind.

Die Temperaturkontrolle und Regelung in dem hier verwendeten Elino-Ofen erfolgte über zwei PtRh-Pt-Elemente, die in der Sinterzone des Hubbalkenofens angebracht waren. Zur Bestimmung des Temperaturgradienten wurde das Temperaturprofil des Ofens mit einem NiCr-Ni-Schleppelement aufgenommen. Um die Messung repräsentativ zu machen, wurde die Lötstelle des Schleppelementes in den Kern eines ca. 200 g schweren Sinterstopfens eingelassen.

Der Meßvorgang gestaltete sich an diesem Hubbalken-Ofen insofern kompliziert, als ein Durchlaufenlassen des Schleppelementes, wie es beim Bandofen praktiziert wird, ausgeschlossen war, da die Stearatkammer rechtwinklig zur Heizzone angeordnet ist und auch der Transport der Sinterkästen im gleichen Sinne erfolgt. Zudem sind beide Heizzonen durch eine Zwischenklappe getrennt. Der Ofen mußte vielmehr zu diesem Zwecke komplett geöffnet, kalt chargiert und nach Einlegen der Meßleitung wieder geschlossen werden. Der Stopfen mit der Lötstelle des Thermopaares war in den der Zwischenklappe nächstfolgenden Sinterkasten zwischen Sintergut eingelegt. Nach Erreichen der Solltemperatur setzte der normale Chargierbetrieb ein. Die Meßleitung wurde synchron mit dem Hubbalkenvorschub durch die Explosionsklappe am Ende der Kühlstrecke aus dem Ofen gezogen.

Die Änderung der Temperatur im Sintergut bei Transport durch den Ofen wurde über der Versuchszeit in Abb. 32 als sogenanntes Temperaturprofil graphisch dargestellt.

Als Temperaturgradient ergibt sich ein Betrag von 35°C bei einer Arbeitstemperatur von 1120°C. Da die in den vorher beschriebenen Versuchen angewendeten Sintertemperaturen Ist-Werte der im Ofen installierten Thermoelemente sind, müßte also, um zur echten Sintertemperatur zu gelangen, der Betrag von 35°C abgezogen werden. Dadurch würden sich für die Varianten 1000, 1180 und 1280°C reale Temperaturen von 965; 1145 und 1242°C ergeben, auf die das Sintergut tatsächlich erwärmt worden ist.

Zu Vergleichszwecken wurde eine Parallelmessung in einem Durchlaufbandofen vom Typ AEG-Elotherm durchgeführt, aus dem in Abb. 33 dargestellten Temperaturprofil ergibt sich ein Gradient von 25°C. Der um 10° höhere Betrag des Elino-Ofens dürfte durch die Positionierung der Meßelemente direkt zwischen den Molybdän-Heizwendeln bedingt sein.

## 4.5 Der Einflußfaktor "Dichteschwankung"

Wie eingangs berichtet, erfolgte die Herstellung der Zugproben unter größtmöglicher Angleichung an praxisübliche Bedingungen, d.h. unter Inkaufnahme der einer Produktion zwangsläufig anhaftenden Qualitätsschwankung. Es war also mit einer mehr oder weniger starken Streubreite der Dichte in den einzelnen Gruppen zu rechnen, die sich logischerweise auf die Gleichmäßigkeit der mechanischen Eigenschaften wie Zugfestigkeit, Dehnung und auch Oberflächenhärte auswirken mußte [11]. Wie hoch der Einfluß der Dichtestreuung zu bewerten ist, sollte eine Studie über die

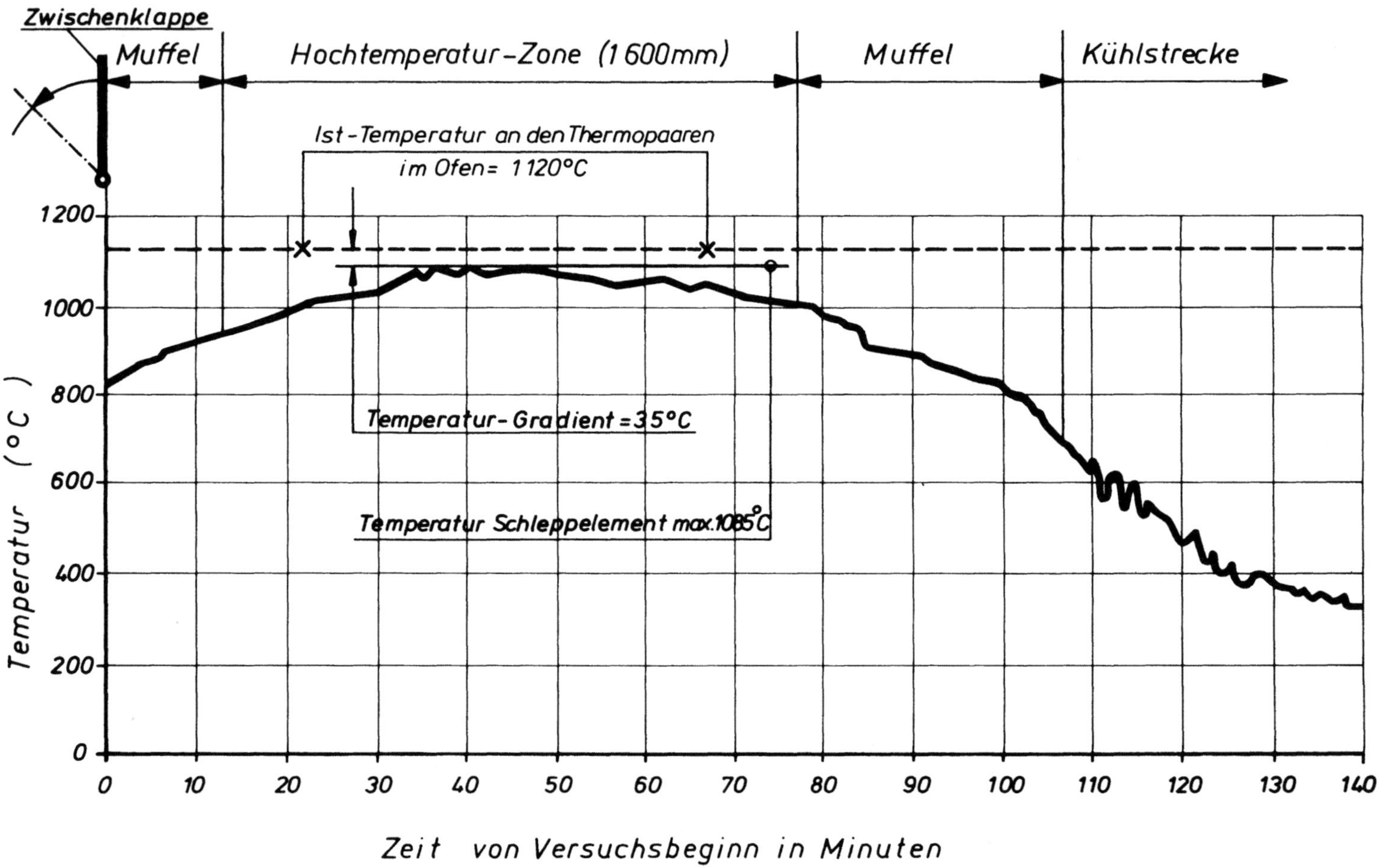


Abb. 32: Änderung der Temperatur im Sintergut beim Transport durch einen Hubbalkenofen Bauart Elino MHbg/Mo 1600h

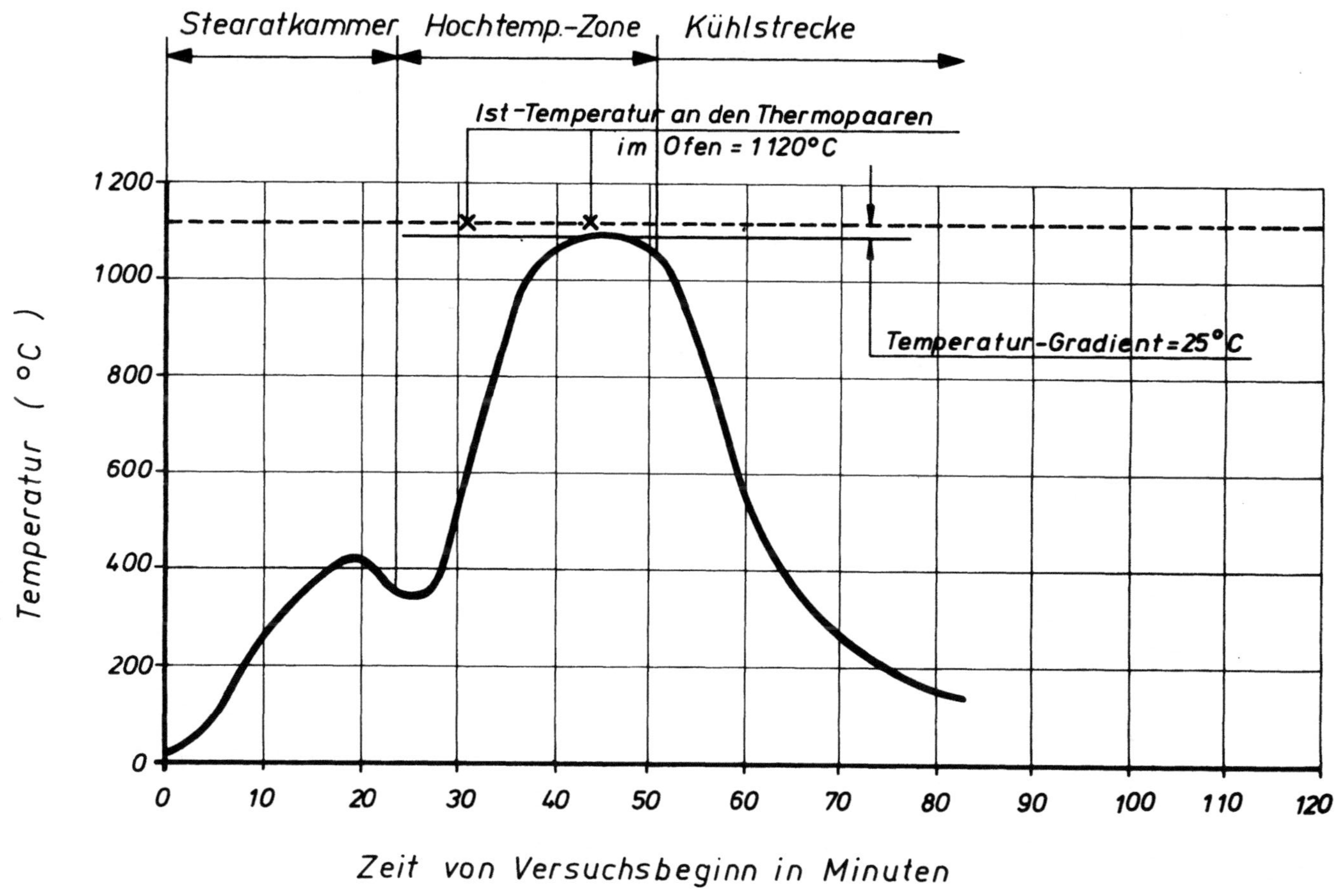


Abb. 33: Änderung der Temperatur im Sintergut beim Durchlauf eines Bandofens der Bauart AEG-Elotherm

Änderung der Oberflächenhärte, bezogen auf die getesteten Dichtegruppen, darstellen. Um diese Testreihe nicht zu umfangreich werden zu lassen, blieb der Versuch auf die Pulversorte RZ 400 beschränkt.

Zunächst galt es festzustellen, inwieweit sich Sinterzeit, Chargiergewicht, Sintertemperatur und auch der Ofentyp auf die Streubreite der Oberflächenhärte auswirkt. Es wurde daher mit Probestäben der Dichte 6,8 g/cm$^3$ eine Versuchssinterung in je zwei Hubbalken- und Band-Öfen vorgenommen. Die zugehörigen Versuchsbedingungen sind in nachfolgender Tab. 10 aufgeführt. Außerdem sind die erreichten Schwankungsbreiten, bezogen auf den jeweiligen Mittelwert für die gemessenen Härten und Zugfestigkeiten eingetragen. Jede der angegebenen Streubreiten wurde aus mindestens 100 Einzelwerten berechnet.

Tab. 10: Einfluß der Sinterbedingungen auf die Streuung von Härte- und Zugfestigkeit von Proben aus RZ 400 der Dichte 6,8 g/cm$^3$

| Ofentyp | Sinter-temperatur in °C | Sinter-zeit in Minuten | Streubreite bezogen auf den Mittelwert | |
|---|---|---|---|---|
| | | | "Härte" (HB10/25) | "Zugfestig-keit |
| Elino MHbg 1600h | 1220 | 60 | 21 % | 22 % |
| MHbg-Mo 2000 | 1280 | 60 | 20 % | 35 % |
| AEG-Band I | 1120 | 15 | 21 % | 40 % |
| AEG-Band II | 1120 | 25 | 21 % | 37 % |

Härte und Zugfestigkeit lassen sich hier in keinen Zusammenhang bringen. Bei den meisten Sinterungen ergibt sich für die Zugfestigkeit ein erheblich breiteres Streufeld als für die gemessenen Brinell-Härten. Das günstigste Verhältnis der Schwankung von Härte und Zugfestigkeit wurde für den in der ersten Zeile aufgeführten Versuch im Elino 1600 gefunden. In beiden Fällen ist die Streuung nahezu gleich. Weit ungünstiger gestaltet sich die Beziehung im Elino-Hubbalken 2000 und in den beiden Bandöfen. Hier bleibt die Härte-Streuung in allen drei Öfen weiterhin auf 20 bis 21 %, während die Werte der Zugfestigkeit nun im Hubbalkenofen 35 und in den Bandöfen I und II um 40 % bzw. 37 % vom erzielten Mittelwert schwanken.

Die Erklärung für diese Erscheinung wird sicherlich darin zu suchen sein, daß ein Zugstab bei Belastung mit größter Wahrscheinlichkeit immer an der schwächsten Stelle zerreißen wird, hingegen dürfte die Wahrscheinlichkeit weitaus geringer sein, daß man bei der Härteprüfung ausgerechnet die Stelle der Probe trifft, die die niedrigste Dichte und damit Härte aufweist.

Des weiteren war zu prüfen, in welchem Maße das Streufeld der Härtewerte durch Änderung der Dichte beeinflußt wird. Zu diesem Zweck wurden an jeweils 50 Probestäben aus dem Pulver RZ 400 die Härten der Dichtegruppen 6,6; 6,8 und 7,0 ausgemessen. Die Stäbe stammten aus der Testreihe "Normalbedingungen", d.h. Sintertemperatur 1120°C, Chargiertakt 15 Minuten, Bruttogewicht des Sinterkastens 13 kg. Die Resultate aus diesem Versuch sind in Tab. 11 eingetragen.

Tab. 11: Härte und Härte-Streuung von Proben aus RZ 400 mit Dichten 6,6; 6,8 und 7,0

| | Härte nach HB10/2,5 in kp/mm$^2$ | | | Streubreite | |
|---|---|---|---|---|---|
| Dichte-Gruppe | Min. | Max. | Mittel | HB in kp/mm$^2$ | % |
| 6,6 | 46 | 58 | 52 | 12 | 23 |
| 6,8 | 52 | 66 | 61 | 14 | 23 |
| 7,0 | 62 | 76 | 70 | 14 | 20 |

Die Häufigkeitsverteilung der für Tab. 11 verarbeiteten Härte-Werte ist in Abb. 34 dargestellt. Beiden Auswertungen (Tab. 11 und Abb. 34) ist zu entnehmen, daß durch Änderung der Preßdichte kein Einfluß auf die Gleichmäßigkeit der gemessenen Brinellhärten genommen werden kann. Die Härten der Dichtegruppen 6,6; 6,8 bzw. 7,0 streuen um 23; 23 und 20 % und sind damit in überraschend guter Übereinstimmung mit den in Tab. 10 mit unterschiedlichsten Sinterbedingungen in vier verschiedenen Öfen gewonnenen Ergebnissen. Eine Verminderung des Streubereichs der Härtewerte durch Änderung der Sinterbedingungen oder auch Übergang in andere Dichtegruppen, ist demnach in dem hier untersuchten Bereich nicht festzustellen. Da diese Versuchsreihe nur mit RZ 400, also unlegiertem Pulver durchgeführt wurde, kam auch die Einflußnahme irgendeines Legierungselementes nicht in Betracht, so daß logischerweise nur unterschiedliche Dichte als in Frage kommender Erzeuger der Ungleichmäßigkeit übrig blieb. Zu seiner Bestimmung wurden an den Stabköpfen von 50 Zugproben jeweils Dichte und Härte gemessen und in Abb. 35 gegeneinander aufgetragen.

Aus dem sich ergebenden Streuband läßt sich zwar ablesen, daß die vermeintliche Dichtegruppe 6,8 tatsächlich Dichten zwischen 6,7 und 6,9 beinhaltet, es zeigt sich aber ebenso deutlich, daß nicht nur an gut 10 Stäben von nahezu der gleichen Dichte, nämlich 6,8 g/cm$^3$ Härten von 54 bis 62 Brinell zu messen sind, sondern daß genausogut für Proben, die einen Dichtebereich von fast 0,2 g/cm$^3$ überdecken, ein und dieselbe Härte gemessen werden kann. Um dies zu unterstreichen, wurde ein Vergleich der erreichbaren Zugfestigkeiten in Abhängigkeit von der realen Dichte angestellt, dessen Resultat aus Abb. 36 hervorgeht. Danach sind von Zugproben aus RZ 400, für die die gleiche Dichte von 7,0 bestimmt wurde, Zugfestigkeiten im Bereich von 16,5 bis 21,5 zu erwarten. Ebenso läßt sich eine Festigkeit von 18 kp/mm$^2$ sowohl mit Stäben der Dichte 6,8 als auch mit solchen der Dichte 7,05 g/cm$^3$ erreichen.

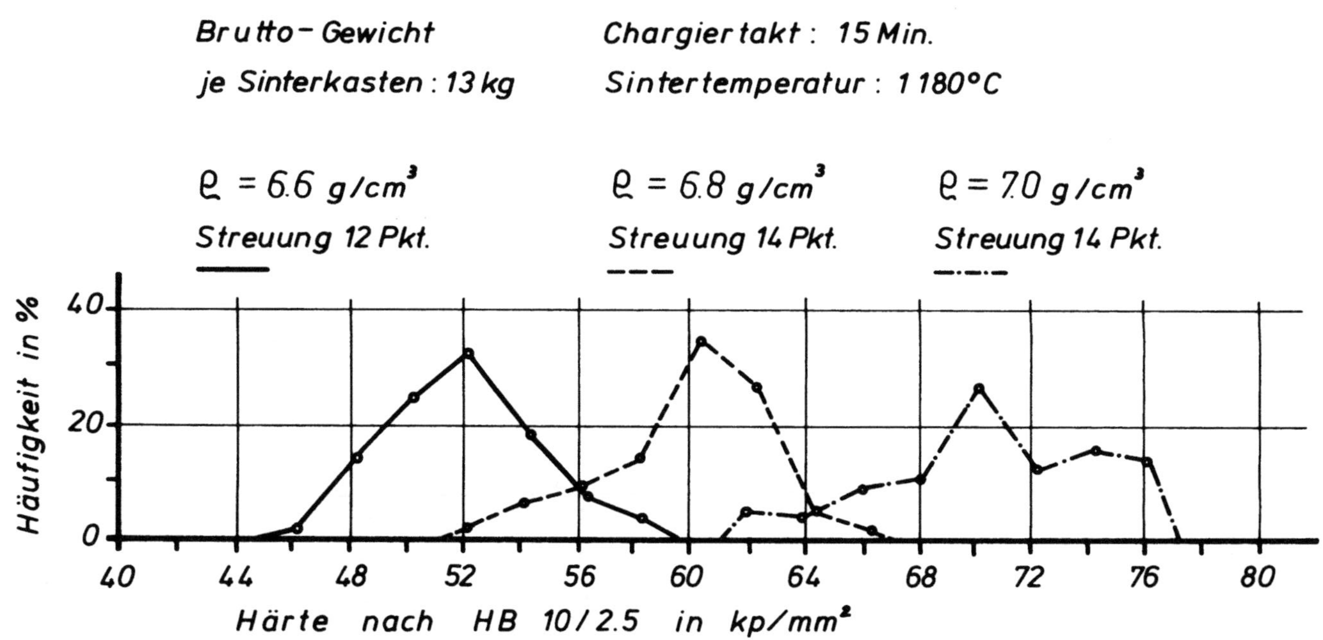


Abb. 34: Häufigkeitsverteilung der Härte von Zugproben aus RZ 400 der Dichte-Gruppen 6,6; 6,8 und 7,0 g/cm$^3$

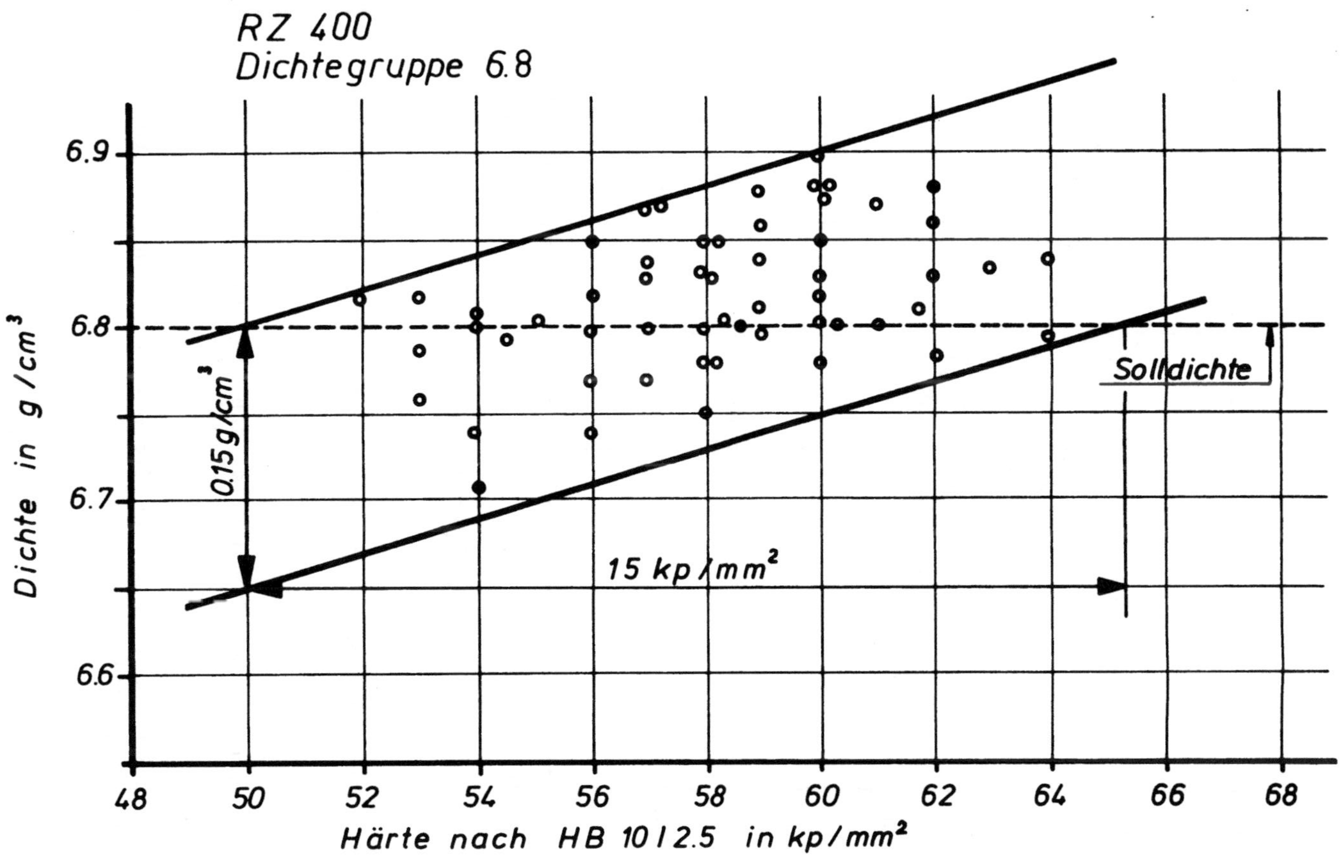


Abb. 35: Der Zusammenhang zwischen Dichte und Härte von Proben der Dichtegruppe 6,8 aus RZ 400

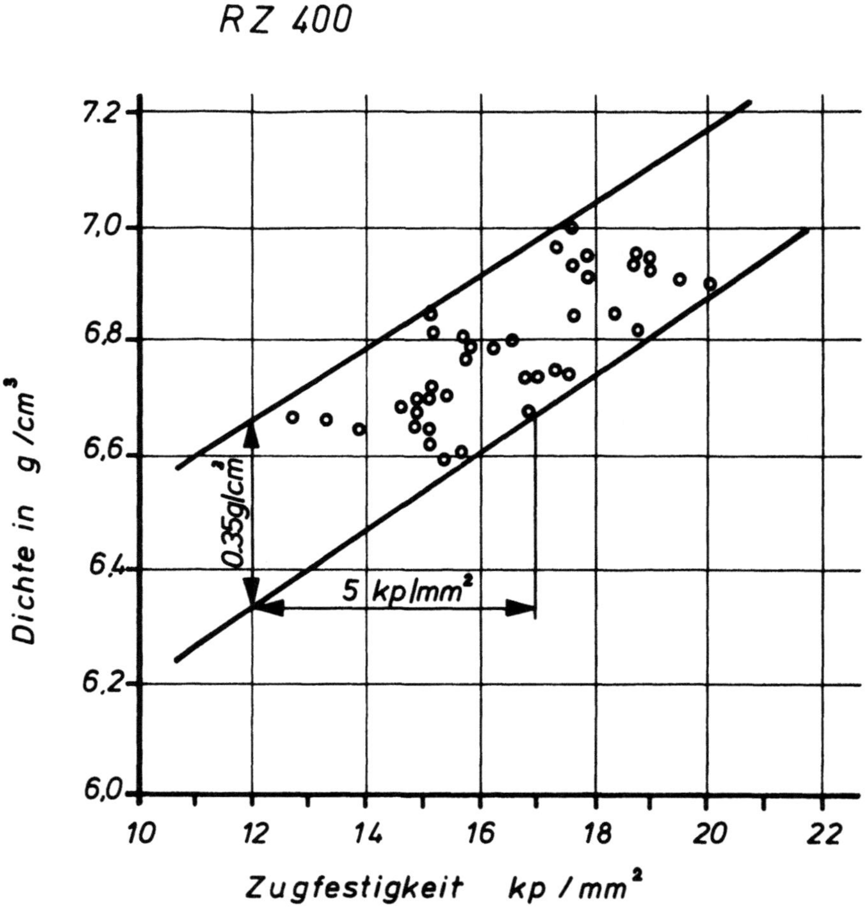


Abb. 36: Zusammenhang zwischen Dichte und Zugfestigkeit von Proben aus RZ 400

Hieraus ist neben der Erkenntnis, daß die Ungleichheit der Dichte zwar in wesentlichem Maße Einfluß auf die erzielbaren Werkstoffeigenschaften nimmt, der Schluß zu ziehen, daß noch eine Vielzahl anderer, in technischen Sinteröfen auftretender, und nicht voll erfaßbarer Faktoren die Werkstoffeigenschaften entscheidend mitgestalten.

Aus den Ergebnissen der hier vorgelegten Untersuchungen hat sich die Temperatur als gewichtigster Einflußnehmer auf die Werkstoffeigenschaften herauskristallisiert, so daß es naheliegend ist, diesem Parameter einen nicht unerheblichen Anteil der "Nicht Voll Erfaßbaren Faktoren" anzulasten.

Ziel sollte es daher sein, Sinteröfen nach modernen Konstruktionsprinzipien zu bauen, die nicht nur durch exakte Steuerung des Gasstroms, sondern vor allem durch präzise Überwachung der

Arbeitstemperatur in der Lage sind, das Chargiergut mit höherer Gleichmäßigkeit zu erwärmen, zu sintern und abzukühlen.

In den USA zeichnet sich seit ca. Mitte 1973 eine deutliche Tendenz ab, diesen Gesichtspunkten Rechnung zu tragen. Es scheinen also dort Erkenntnisse ähnlicher Art gewonnen worden zu sein, die im Schrifttum nicht veröffentlicht worden sind, sondern lediglich aus Angebotsangaben von Ofenbaufirmen hervorgehen [12, 13]. Es sollte ein echtes Anliegen der industriellen Gemeinschaftsforschung sein, sich der Entwicklung derartiger Öfen auch in Deutschland anzunehmen. Wenn diese Entwicklungen übersehen werden, besteht die Gefahr, daß Deutschland als drittgrößter Hersteller von Sinterteilen in der Welt und wichtiges Exportland für Anlagen zur Herstellung von Sintererzeugnissen in eine technische Lücke gerät, die nur schwer aufzuholen sein wird. Die Forschungsgemeinschaft Pulvermetallurgie wird Vorschläge in dieser Richtung in ihrem Technischen Ausschuß erarbeiten. Nur unter der Voraussetzung, daß Ofenanlagen geschaffen werden, die eine größere Temperaturkonstanz und damit eine größere Qualitätskonstanz erreichen, können Qualitätsstreuungen, die in dieser Untersuchung in Öfen herkömmlicher Bauart ermittelt worden sind, auf ein Minimum reduziert werden.

### 4.6 Einfluß verschiedener Wasserstoff-Gehalte im Schutzgas auf die Eigenschaften von Sintereisen-Werkstoffe

Bei der Sinterung in Hubbalken- und Bandöfen wird häufig Ammoniak-Spaltgas als Schutzgas verwendet, es enthält 75 Vol. % Wasserstoff und 25 Vol. % Stickstoff. Durch den steigenden Sauerstoffbedarf in Oxygenstahlwerken fällt bei der Gewinnung nach dem Luftverflüssigungsverfahren als Nebenprodukt in großen Mengen Stickstoff und auch Wasserstoff an. In steigendem Maße werden daher von der Industrie Gasversorgungsanlagen angeboten, denen Stickstoff und Wasserstoff getrennt zu entnehmen ist und, nach Mischung in beliebigem Verhältnis, den Sinteröfen zugeführt werden kann. Solche an Wasserstoff verarmten Gasgemische sind kostengünstiger als Ammoniak-Spaltgas.

Der Preis ist umso niedriger, je geringer der Wasserstoffgehalt ist. Zur Beantwortung der wichtigen Frage, bis zu welchem Wasserstoffanteil ein Stickstoff-Wasserstoff-Gemisch zu verarmen ist, ohne Nachteile bezüglich Werkstoffqualität, wurden Versuchssinterungen in einem Laborofen bei 1120°C durchgeführt. Die Haltezeit der Proben auf Temperatur betrug jeweils 30 Minuten. Vor jeder nachfolgenden Sinterung wurde der Ofen zwei Stunden lang mit dem Gas der nächstfolgenden Zusammensetzung gespült. Bezogen auf das eingebrachte Probenmaterial betrug der Schutzgasdurchsatz 0,74 $m^3$/kg. Der gleiche Faktor beträgt für einen Produktionsbandofen beispielsweise 0,32 $m^3$/kg und für einen Hubbalkenofen 0,125 $m^3$/kg.

Für diesen Versuch wurden folgende Pulvermischungen verwendet:

1. SC 1510 (wie oben)
2. NC 100.24 + 1,5 % Cu
3. NC 100.24 + 2,5 % Ni + 0,6 % C
4. NC 100.24 + 5,0 % Ni + 0,6 % C.

Als Schutzgas wurden folgende Zusammensetzungen gewählt: 5; 10; 15; 20; 30; 40; 50; 75; 100 % $H_2$, Rest jeweils Stickstoff. Die

Auswertung erfolgt nach Zugfestigkeit, Bruchdehnung, Härte und Dichte. Die Ergebnisse sind in den Tab. 12 bis 15 aufgeführt, außerdem wurden die erzielten Zugfestigkeiten in Abb. 37 graphisch dargestellt.

Tab. 12: Einfluß des Wasserstoff-Anteils im Schutzgas auf Zugfestigkeit, Dehnung und Härte der Mischung SC 1510

| $H_2$-Gehalt in % | 5 | 10 | 15 | 20 | 30 | 40 | 50 | 75 | 100 |
|---|---|---|---|---|---|---|---|---|---|
| Zugfestigkeit in $kp/mm^2$ | 21,9 | 20,9 | 19,2 | 20,6 | 20,6 | 19,4 | 18,2 | 17,5 | 17,0 |
| Dehnung in % | 1,5 | 2,3 | 2,0 | 2,5 | 2,6 | 2,4 | 2,5 | 2,5 | 2,4 |
| Härte in HR H | 81 | 79 | 78 | 72 | 74 | 72 | 77 | 73 | 69 |
| Dichte in $g/cm^3$ | 6,79 | 6,79 | 6,79 | 6,79 | 6,79 | 6,79 | 6,79 | 6,79 | 6,80 |

Tab. 13: Einfluß des Wasserstoff-Anteils im Schutzgas auf Zugfestigkeit, Dehnung und Härte der Mischung NC 100.24 + 1,5 % Cu

| $H_2$-Gehalt in % | 5 | 10 | 15 | 20 | 30 | 40 | 50 | 75 | 100 |
|---|---|---|---|---|---|---|---|---|---|
| Zugfestigkeit in $kp/mm^2$ | 27,5 | 25,2 | 25,3 | 25,7 | 26,7 | 26,1 | 24,0 | 21,9 | 22,1 |
| Dehnung in % | 2,2 | 2,0 | 2,0 | 3,0 | 3,6 | 2,1 | 2,0 | 2,4 | 3,7 |
| Härte in HR H | 87 | 86 | 86 | 87 | 88 | 86 | 84 | 84 | 85 |
| Dichte in $g/cm^3$ | 6,85 | 6,85 | 6,86 | 6,86 | 6,87 | 6,87 | 6,87 | 6,87 | 6,87 |

Tab. 14: Einfluß des Wasserstoff-Anteils im Schutzgas auf Zugfestigkeit, Dehnung und Härte der Mischung NC 100.24 + 2,5 % Ni + 0,6 % C

| $H_2$-Gehalt in % | 5 | 10 | 15 | 20 | 30 | 40 | 50 | 75 | 100 |
|---|---|---|---|---|---|---|---|---|---|
| Zugfestigkeit in $kp/mm^2$ | 32,0 | 28,6 | 29,8 | 32,9 | 30,5 | 34,4 | 33,8 | 31,9 | 33,1 |
| Dehnung in % | 4,8 | 4,0 | 3,7 | 3,6 | 4,2 | 4,0 | 3,9 | 4,8 | 5,0 |
| Härte in HR F | 88 | 88 | 88 | 89 | 79 | 86 | 88 | 79 | 78 |
| Dichte in $g/cm^3$ | 6,86 | 6,82 | 6,81 | 6,83 | 6,82 | 6,83 | 6,82 | 6,82 | 6,82 |

Tab. 15: **Einfluß des Wasserstoff-Anteils im Schutzgas auf Zugfestigkeit, Dehnung und Härte der Mischung NC 100.24 + 5 % Ni + 0,6 % C**

| $H_2$-Gehalt in % | 5 | 10 | 15 | 20 | 30 | 40 | 50 | 75 | 100 |
|---|---|---|---|---|---|---|---|---|---|
| Zugfestigkeit in $kp/mm^2$ | 36,0 | 37,0 | 35,1 | 37,1 | 41,4 | 44,4 | 42,4 | 42,6 | 44,1 |
| Dehnung in % | 4,3 | 4,0 | 3,2 | 3,2 | 2,8 | 3,2 | 3,1 | 3,3 | 3,5 |
| Härte in HR F | 96 | 98 | 99 | 98 | 99 | 99 | 99 | 98 | 99 |
| Dichte in $g/cm^3$ | 6,86 | 6,87 | 6,88 | 6,87 | 6,85 | 6,89 | 6,88 | 6,89 | 6,88 |

Aus den ermittelten Ergebnissen geht hervor, daß für die beiden kupferlegierten Werkstoffe mit steigendem Wasserstoffanteil im Schutzgas ein leichter Rückgang der Zugfestigkeiten eintritt. Dehnung und Härte bleiben dabei im großen und ganzen unverändert.

Im Gegensatz dazu stellt sich für Nickel-Kohlenstoff-Legierungen gleichzeitig leicht steigende Tendenz der Zugfestigkeiten ein. Bei der Mischung mit 5 % Nickel + 0,6 % Kohlenstoff tritt dies am deutlichsten in Erscheinung. Offenbar ist dieser Effekt auf eine Beeinflussung der Gefügeumwandlung durch den vorhandenen Wasserstoff zurückzuführen. Dies wird durch eine metallographische Untersuchung unterstrichen, in der sich mit zunehmendem $H_2$-Gehalt im Schutzgas eine Verfeinerung des Perlits und eine Vergrößerung des Zwischenstufenanteils erkennen läßt.

Nach dem vorliegenden Befund sind zum Sintern kupferhaltiger Werkstoffe Schutzgase mit Wasserstoffgehalt von mindestens 5 % ausreichend, was Nickel-Kohlenstoff-Legierungen angeht, so sollten für diese wenigstens Anteile von 40 bis 50 % angewendet werden.

## 5. Zusammenfassung

Im Sinne der gestellten Aufgabe galt es, durch die vorliegende Untersuchung Aufschluß zu erhalten über die Einflußnahme von Chargengewicht, Chargierzeit und Sintertemperatur auf die Eigenschaften von Sinterwerkstoffen. Um optimale Verwertbarkeit der ermittelten Ergebnisse für den Praktiker zu sichern, wurde in allen Belangen auf dichteste Angleichung an praxisübliche Verhältnisse geachtet.

Besonderer Wert kam daher dem Gleichmäßigkeitsgrad bzw. der Streubreite der erzielbaren Werkstoffeigenschaften zu. Untersucht wurden reine Eisenwerkstoffe, Eisen-Kupfer-Legierungen und Werkstoffe des Systems Eisen-Kupfer-Nickel. Das Chargengewicht, d.h. die Durchsatzleistung des Ofens je Stunde, bleibt in den hier untersuchten Grenzen weitgehend ohne Einfluß auf die untersuchten Werkstoffe, lediglich im Falle der reinen Eisenpulver

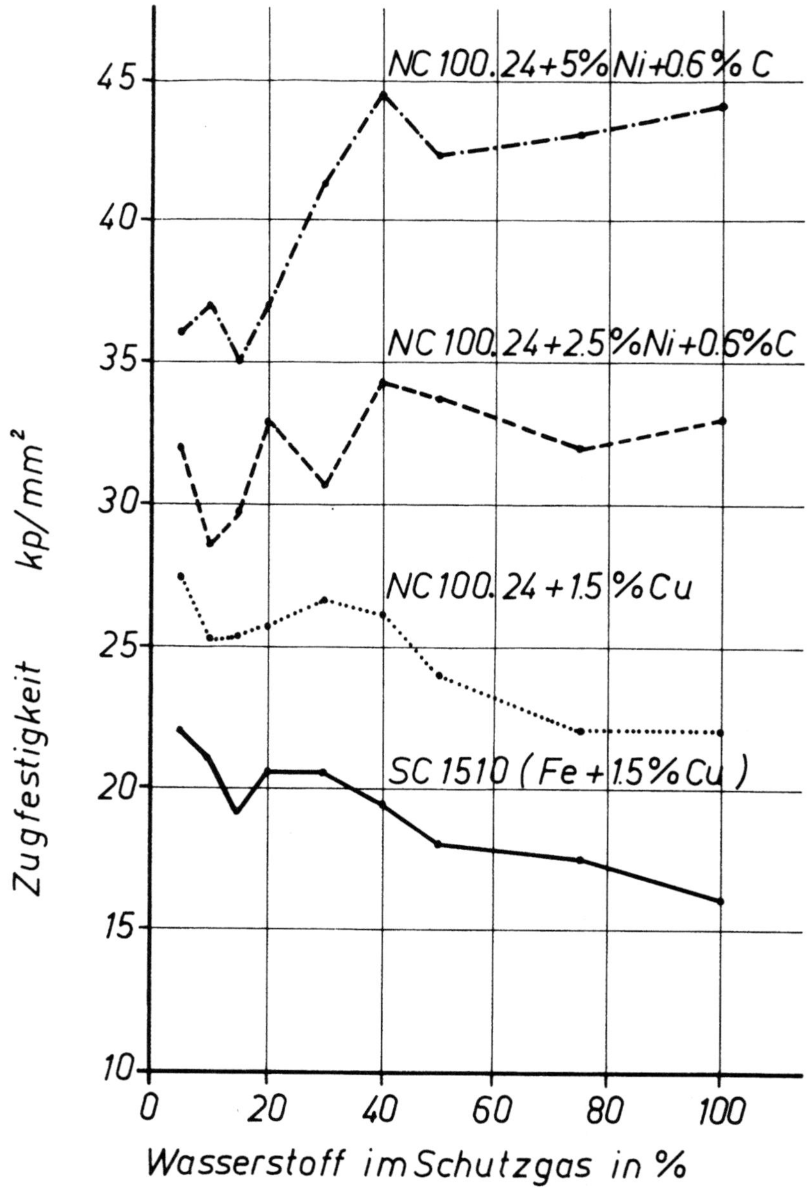


Abb. 37: Einfluß des Wasserstoff-Anteils im Schutzgas auf die Zugfestigkeit von Sinterwerkstoffen

sind leichte Zuwachsraten in Zugfestigkeit und Dehnung zu verzeichnen, wenn das Chargiergewicht herabgesetzt wird.

Der Änderung der Sinterzeit kommt eine ähnliche Bedeutung zu. Auch hier sind durch Zeitverlängerung lediglich für die reinen Eisenwerkstoffe Gewinne zu verzeichnen, die sich jedoch nur auf Zunahme der Bruchdehnung der beiden Sorten RZ 60 und RZ 150 beschränken. Dieses Ergebnis befindet sich in guter Übereinstimmung mit älteren Untersuchungen von G. Zapf [14].

Die Sintertemperatur nimmt unter den drei untersuchten Einflußparametern die dominierende Stellung ein. Reine Eisen-Werkstoffe und auch Eisen-Kupfer-Legierungen zeigen in der ersten Steigerungsstufe von 1000° auf 1180°C deutliche Zuwachsraten an Festigkeit. Die Dehnung verhält sich bei reinen Eisen-Werkstoffen ebenfalls positiv, während im System Eisen-Kupfer durch die versprödenden Kupferausscheidungen ein Rückgang der Dehnung zu verzeichnen ist. Es wird weiterhin festgestellt, daß durch Kupferzugaben bereits bei einer Sintertemperatur von 1000°C, also bei fester Kupferphase, Gewinne an Zugfestigkeit bis nahezu 50 % erzielbar sind. Eine Steigerung der Temperatur auf 1280°C ist für Fe-Cu-Legierungen wegen weiterer Dehnungseinbußen nicht mehr zu empfehlen. Für reine Eisen-Legierungen lassen sich hier jedoch noch Gewinne erzielen. Das gleiche trifft für Eisen-Kupfer-Nikkel-Werkstoffe zu, bei denen leichte Zuwachsraten in Festigkeit und Dehnung erreichbar sind. Im Widerspruch zur einschlägigen Literatur werden für die Legierung mit 1,5 % Kupfer Festigkeiten festgestellt, die denen von Eisen + 3 % Cu gleichkommen. Es wird außerdem deutlich, daß der Ungleichmäßigkeitsgrad der ermittelten Zugfestigkeiten mit wachsendem Anteil an Legierungselementen zunimmt.

Die Bestimmung des Temperaturgradienten zwischen Ofenraum und Charge erfolgt durch Schleppelementmessungen in einem Elino-Hubbalkenofen und einem Bandofen, als Betrag ergibt sich 35°C für den Hubbalken- und 25°C für den getesteten Band-Ofen.

Durch eine Studie der Streuung von Oberflächenhärten von Proben aus RZ 400 zeigt sich, daß Chargengewicht, Chargierzeit und auch Sintertemperatur keinen Einfluß auf die Streubreite der ermittelten Werte haben. Es kann nachgewiesen werden, daß die Ungleichmäßigkeiten zwar zum großen Teil auf Dichteschwankungen beruhen, daß aber offenbar eine große Zahl nicht zu identifizierender Faktoren in gleichem, wenn nicht noch größerem Maße, Verursacher der breiten Streuung der Meßwerte sind. Ein wesentlicher Teil dieser "Faktoren" geht mit großer Wahrscheinlichkeit zu Lasten ungleichmäßiger Sintertemperatur, auf deren Änderung die Werkstoffeigenschaften gemäß vorliegender Untersuchungen äußerst empfindlich reagieren. Aus dieser Erkenntnis stellt sich die Forderung nach neuen Ofenkonstruktionen, die bessere Temperaturkonstanz gewährleisten.

Schließlich wird untersucht, bis zu welchem Anteil der Wasserstoff in Stickstoff-Wasserstoff-Schutzgasen reduziert werden kann, ohne Nachteile in Bezug auf Werkstoffqualität zu verursachen. Als Minimum wird für Eisen-Kupfer-Legierungen ein Gehalt von 5 % ermittelt, für Eisen-Nickel-Kohlenstoff-Legierungen sollten Mindestgehalte von 40 bis 50 % $H_2$ angewendet werden.

## Literaturverzeichnis


[ 1] Wassermann, K., Einfluß der Schutzgasatmosphäre auf die Eigenschaften von Sinterstahl, Forschungsbericht des Landes Nordrhein-Westfalen Nr. 798.

[ 2] Silbereisen, H., Sintern, ein wirtschaftliches Verfahren zur Herstellung metallischer Genauteile, Technische Wissenschaftliche Informationen Mannesmann Pulvermetall, S. 6/7.

[ 3] Zapf, G. und J. Niessen, Einfluß des Herstellungsverfahrens auf die physikalischen Eigenschaften von binären Eisen-Nickel-, Eisen-Kupfer- und ternären Eisen-Kupfer- und Nickel-Legierungen bei Anwendung des Doppelpreßverfahrens, Forschungsbericht des Landes Nordrhein-Westfalen Nr. 2106, S. 6.

[ 4] Zapf, G., U. Völker und R. Reinstadler, Entwicklung von Fertigungsmethoden zur Erzeugung hochfester Sinterteile, Forschungsbericht des Landes Nordrhein-Westfalen Nr. 1403, Teil I/II (1965).

[ 5] Heidemann, H.E., Der Elino Hubbalken-Sinterofen, Sonderdruck aus Sprechsaal für Keramik, Heft 24, S. 949-951 (1967).

[ 6] Stahl-Eisen-Prüfblatt 88-69, 1. Ausgabe, Dezember 1969, Eigenschaftsänderungen von Metallpulvern durch das Sintern, herausgegeben vom Verein Deutscher Eisenhüttenleute.

[ 7] Stahl-Eisen-Prüfblatt 88-69, 1. Ausgabe, Dezember 1969, Ermittlung der Dichte von Sintergenauteilen, herausgegeben vom Verein Deutscher Eisenhüttenleute.

[ 8] Zapf, G. und R. Reinstadler, Entwicklung von Fertigungsmethoden zur Erzeugung hochfester Sinterteile, Forschungsbericht des Landes Nordrhein-Westfalen Nr. 1403, Teil II, S. 94 ff.

[ 9] Zapf, G., J. Niessen und R. Reinstadler, Untersuchung über die Wärmebehandlung legierter Sinterstähle mit Kupfer und Nickel als Legierungselemente, Forschungsbericht des Landes Nordrhein-Westfalen Nr. 1745.

[10] Höganäs AB PM Eisenpulver - Information PM 71-5, Einführung der phosphorhaltigen Höganäs Eisenschwammpulver.

[11] Zapf, G. und U. Völker, Entwicklung von Fertigungsmethoden zur Erzeugung hochfester Sinterteile, Forschungsbericht des Landes Nordrhein-Westfalen Nr. 1403, Teil I, S. 13-18.

[12] Rota, L., Persönliche Mitteilung Okt. 1973, International Nickel Company New York.

[13] Hayes Inc., Cranston USA, Broschüre Sinteröfen LP-10M-73.

[14] Zapf, G., Gesinterte Formteile, Schriftenreihe Feinbearbeitung Deutsche Verlagsanstalt Stuttgart, S. 35 (1957).

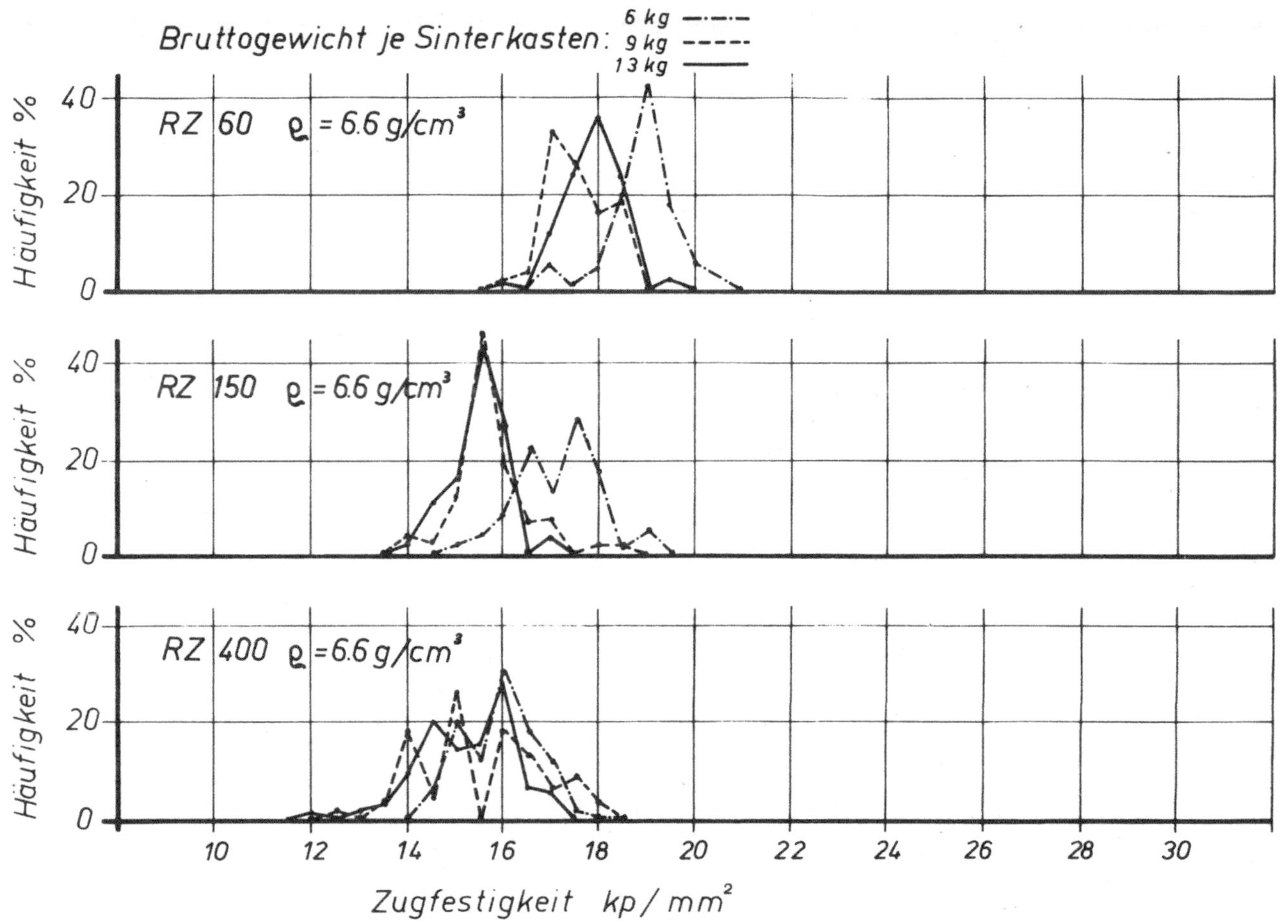


Abb. 4: Einfluß des Chargengewichtes auf die Häufigkeits-Verteilung der Zugfestigkeit von unlegierten Sintereisen-Werkstoffen

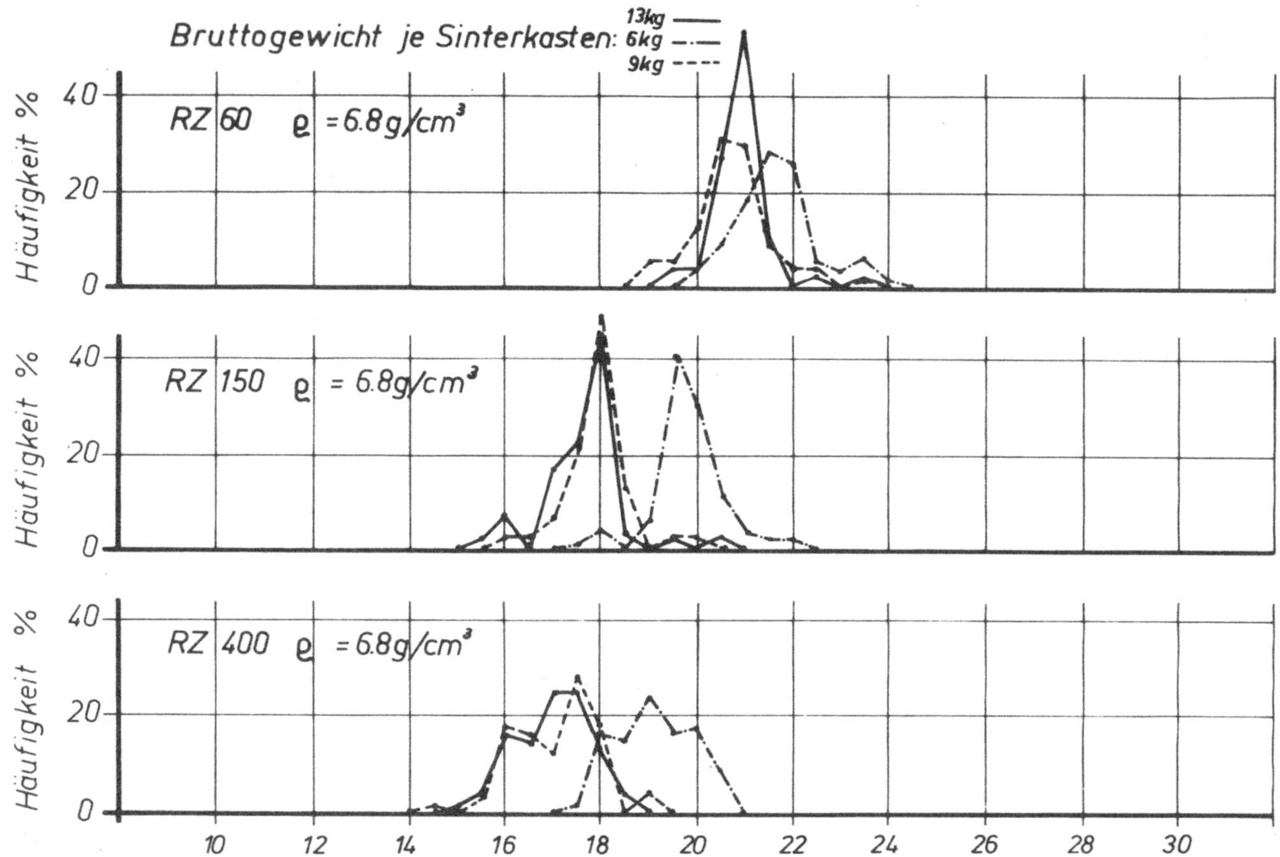


Abb. 5: Einfluß des Chargengewichtes auf die Häufigkeits-Verteilung der Zugfestigkeit von unlegierten Sintereisen-Werkstoffen

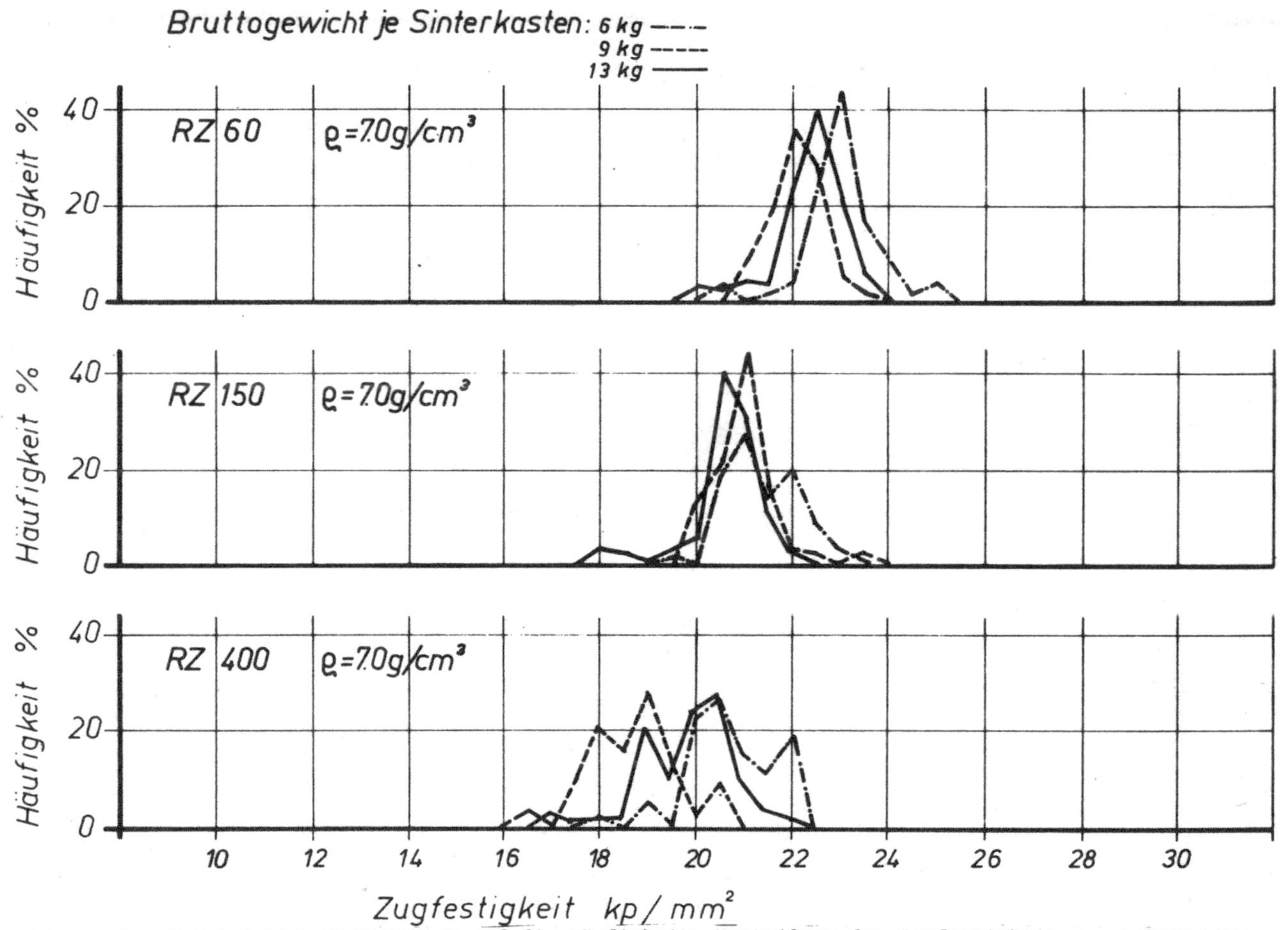


Abb. 6: Einfluß des Chargengewichtes auf die Häufigkeits-Verteilung der Zugfestigkeit von unlegierten Sintereisen-Werkstoffen

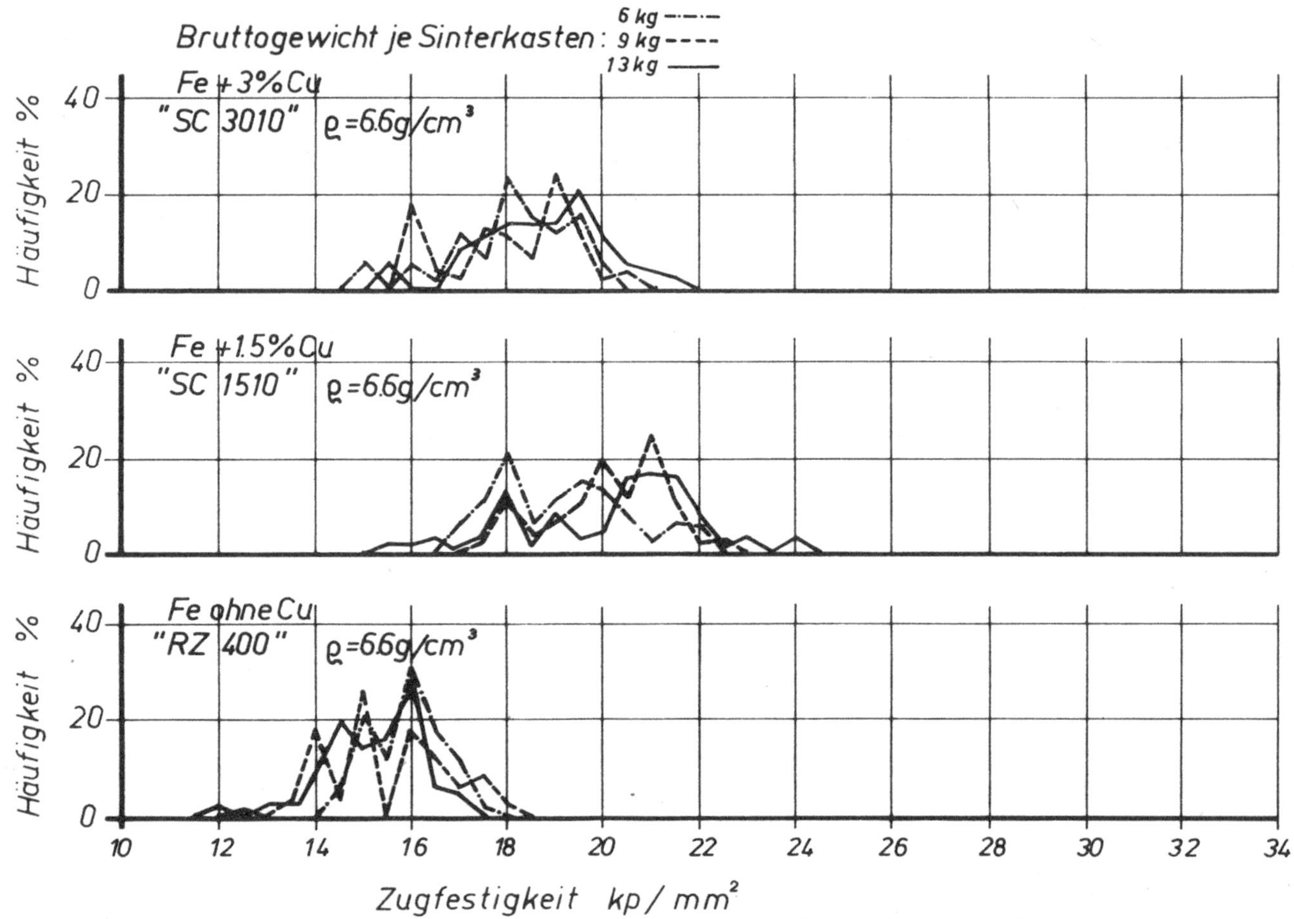


Abb. 8: Einfluß des Chargengewichtes auf die Häufigkeits-Verteilung der Zugfestigkeit von mit Kupfer legierten Sintereisen-Werkstoffen

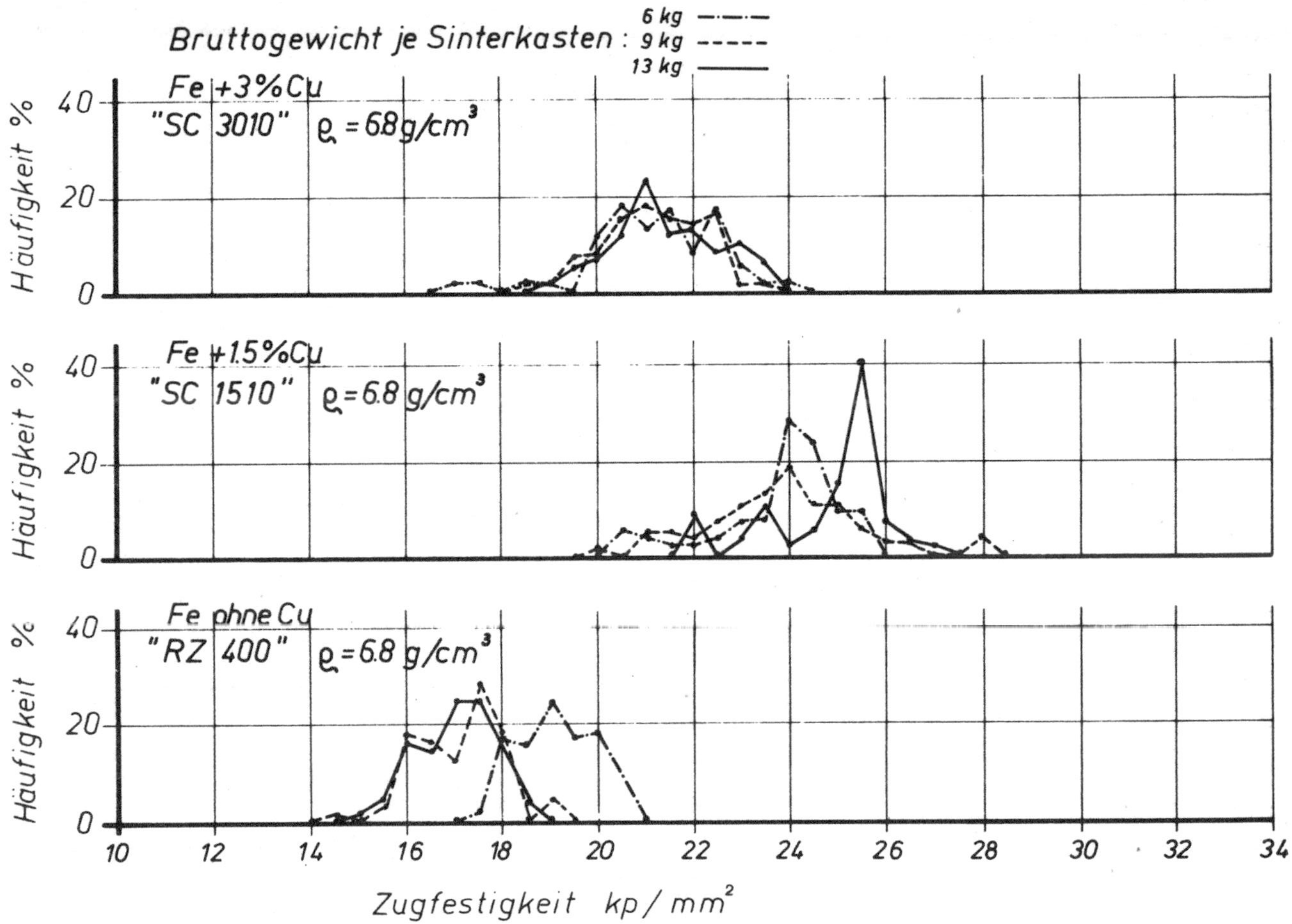


Abb. 9: Einfluß des Chargengewichtes auf die Häufigkeits-Verteilung der Zugfestigkeit von mit Kupfer legierten Sintereisen-Werkstoffen

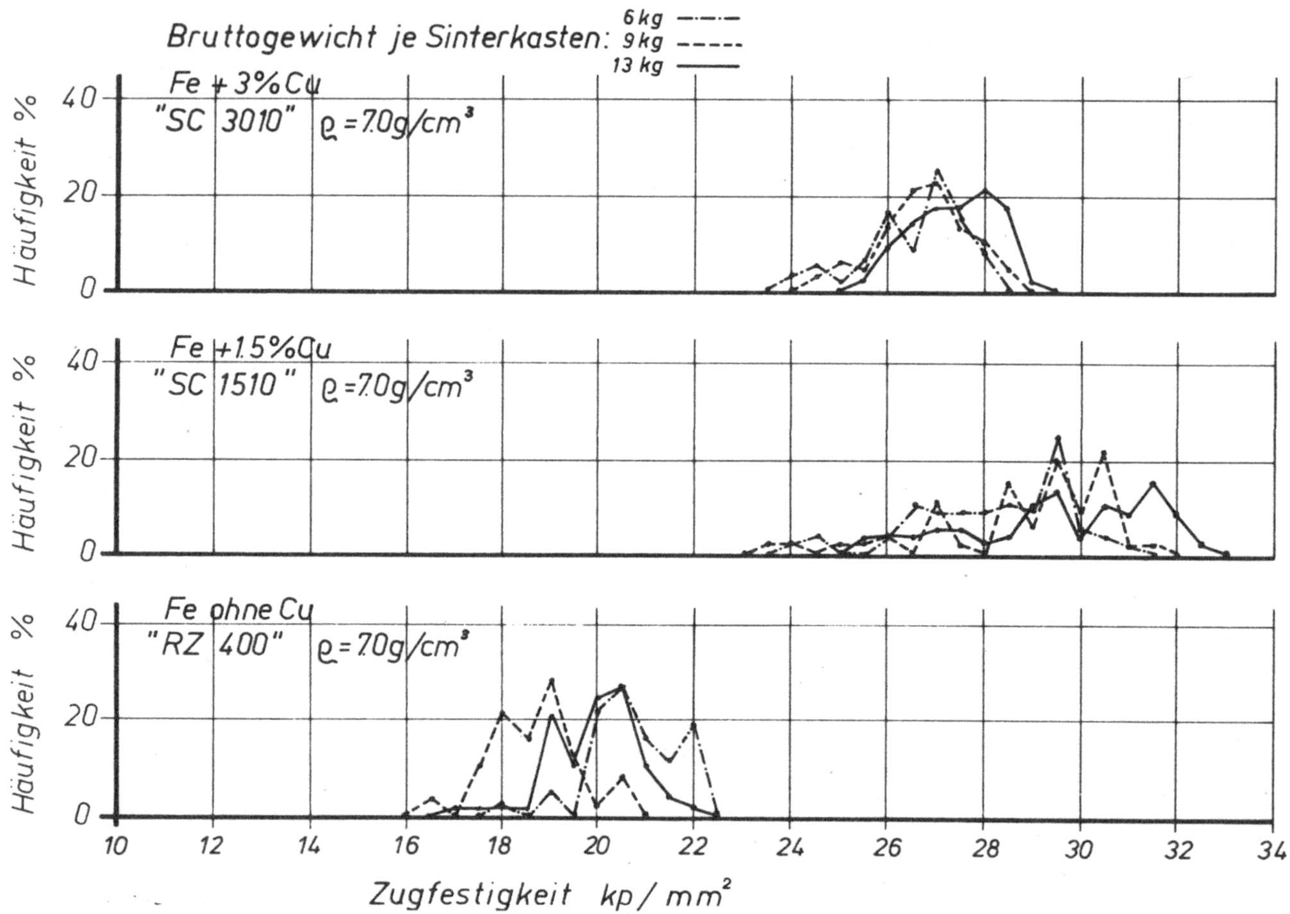


Abb. 10: Einfluß des Chargengewichtes auf die Häufigkeits-Verteilung der Zugfestigkeit von mit Kupfer legierten Sintereisen-Werkstoffen

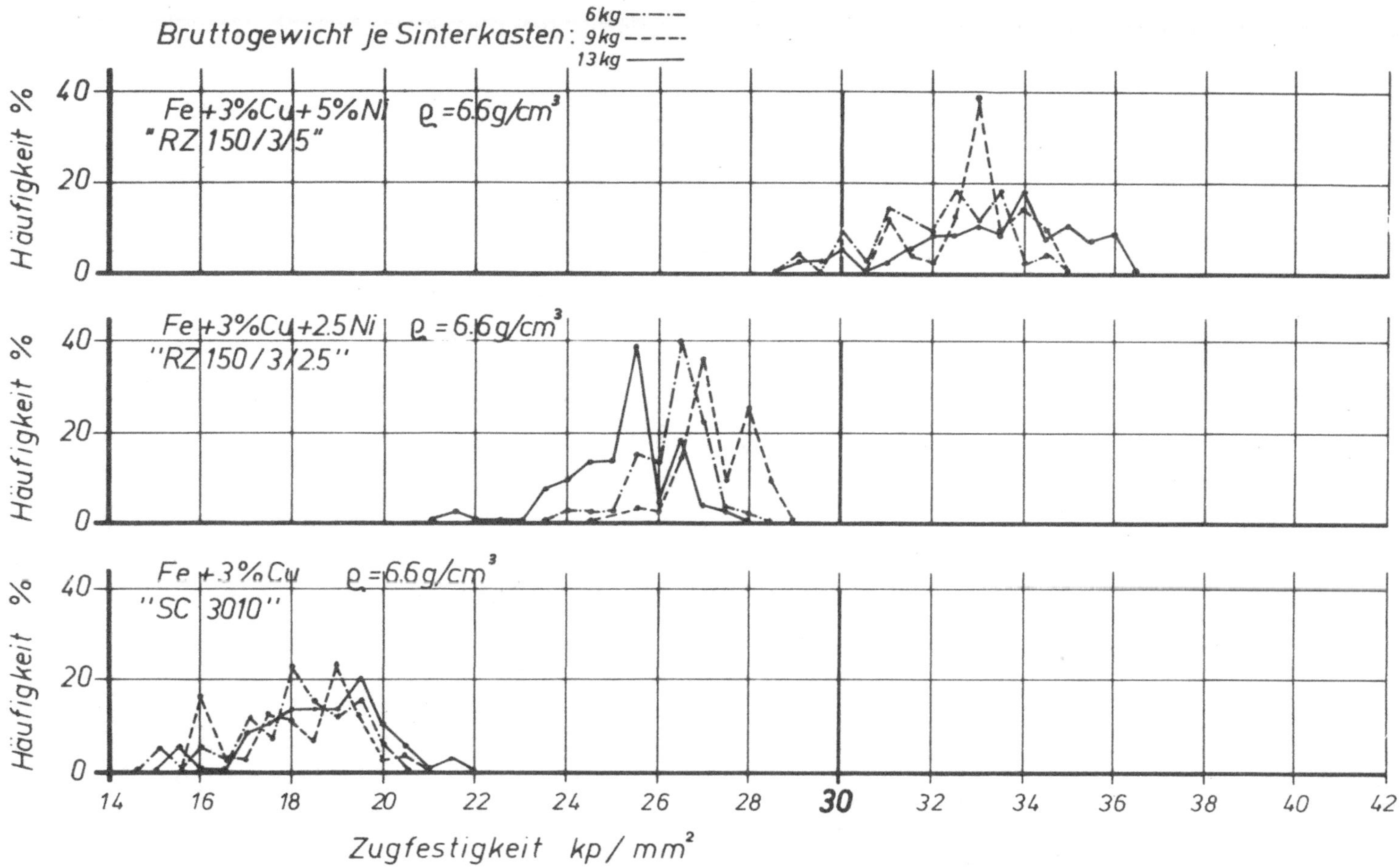


Abb. 11: Einfluß des Chargengewichtes auf die Häufigkeits-Verteilung der Zugfestigkeit von mit Kupfer und Nickel legierten Sintereisen-Werkstoffen

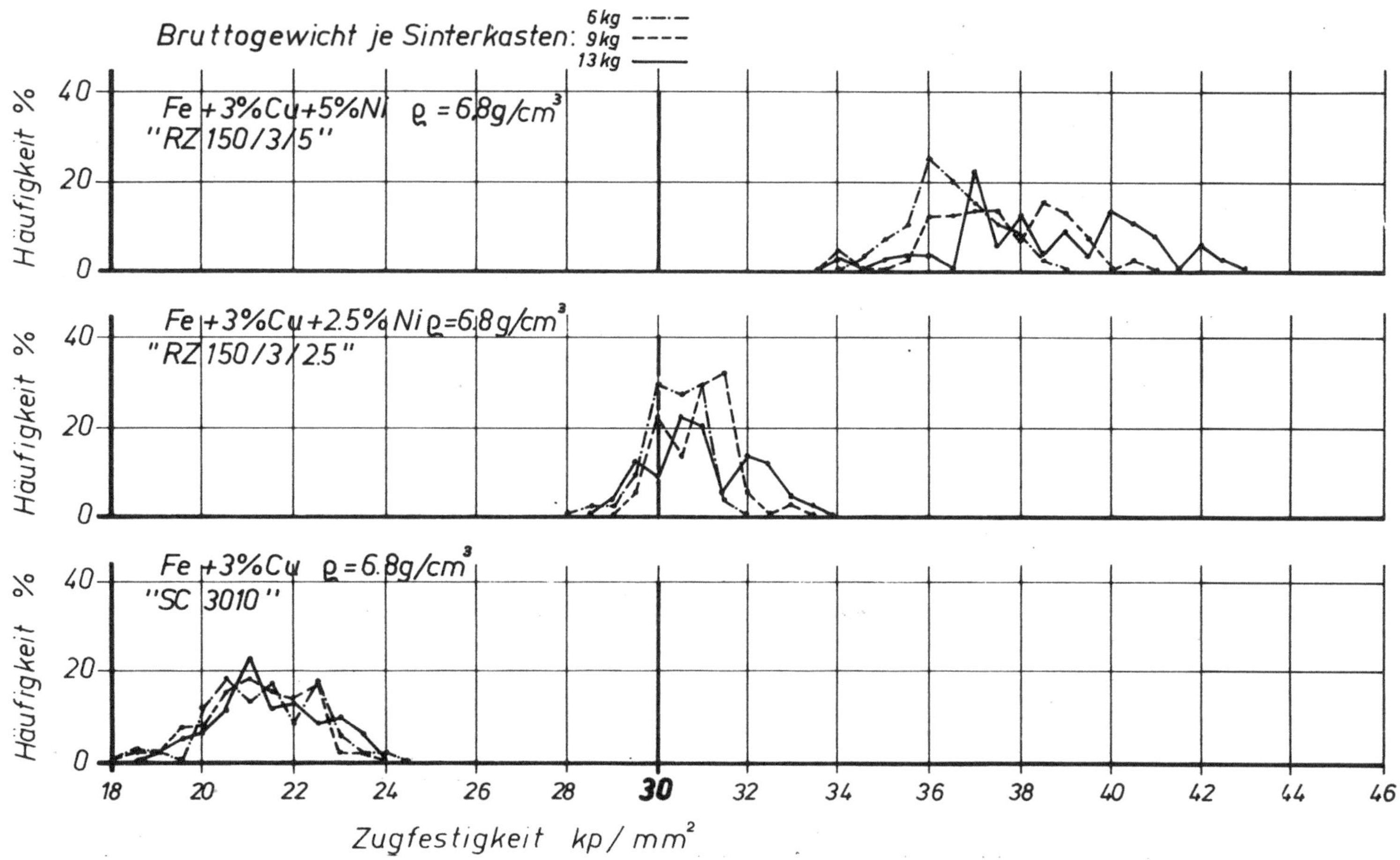


Abb. 12: Einfluß des Chargengewichtes auf die Häufigkeits-Verteilung der Zugfestigkeit von mit Kupfer und Nickel legierten Sintereisen-Werkstoffen

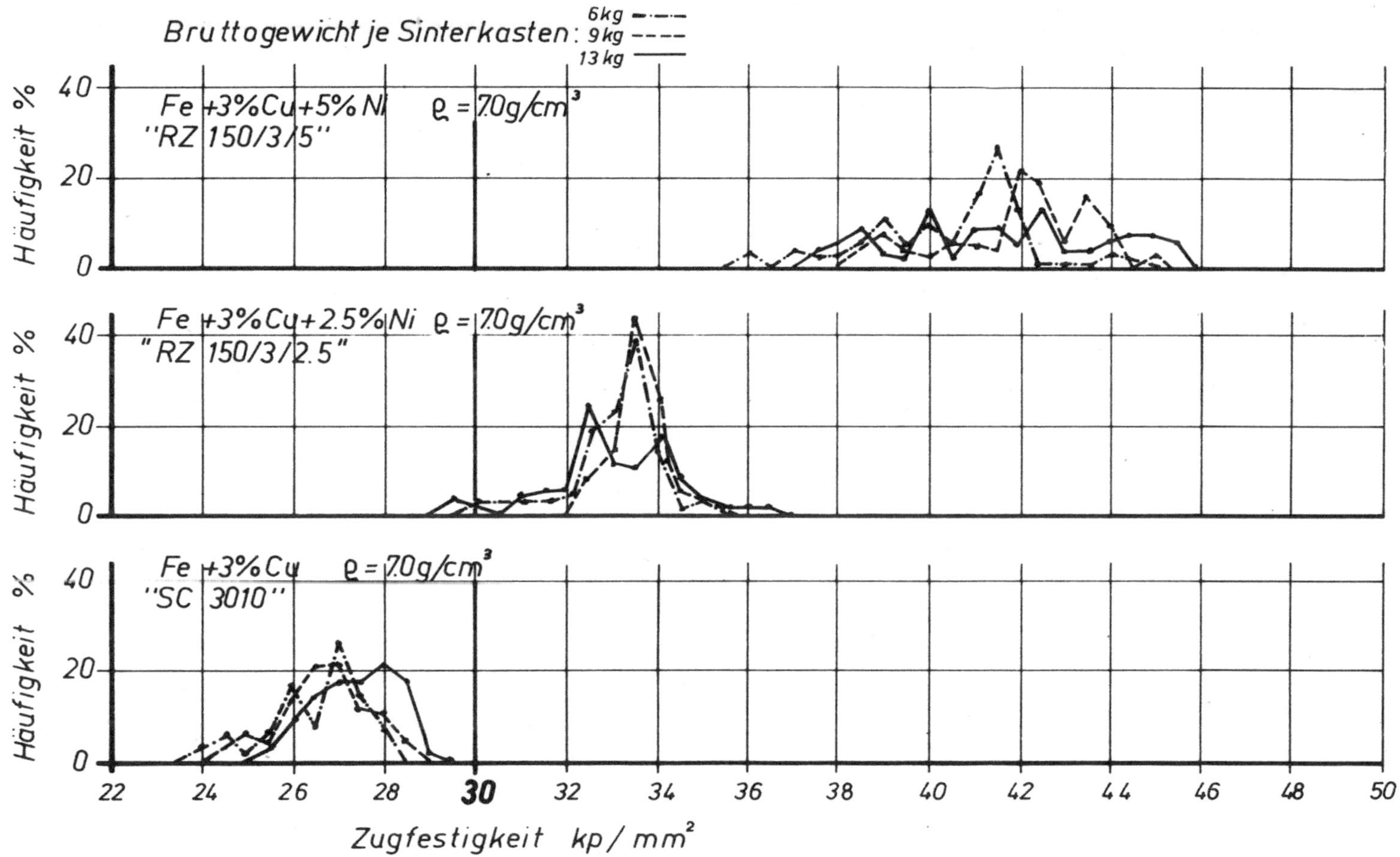


Abb. 13: Einfluß des Chargengewichtes auf die Häufigkeits-Verteilung der Zugfcotigkcit von mit Kupfcr und Nickel legierten Sintereisen-Werkstoffen

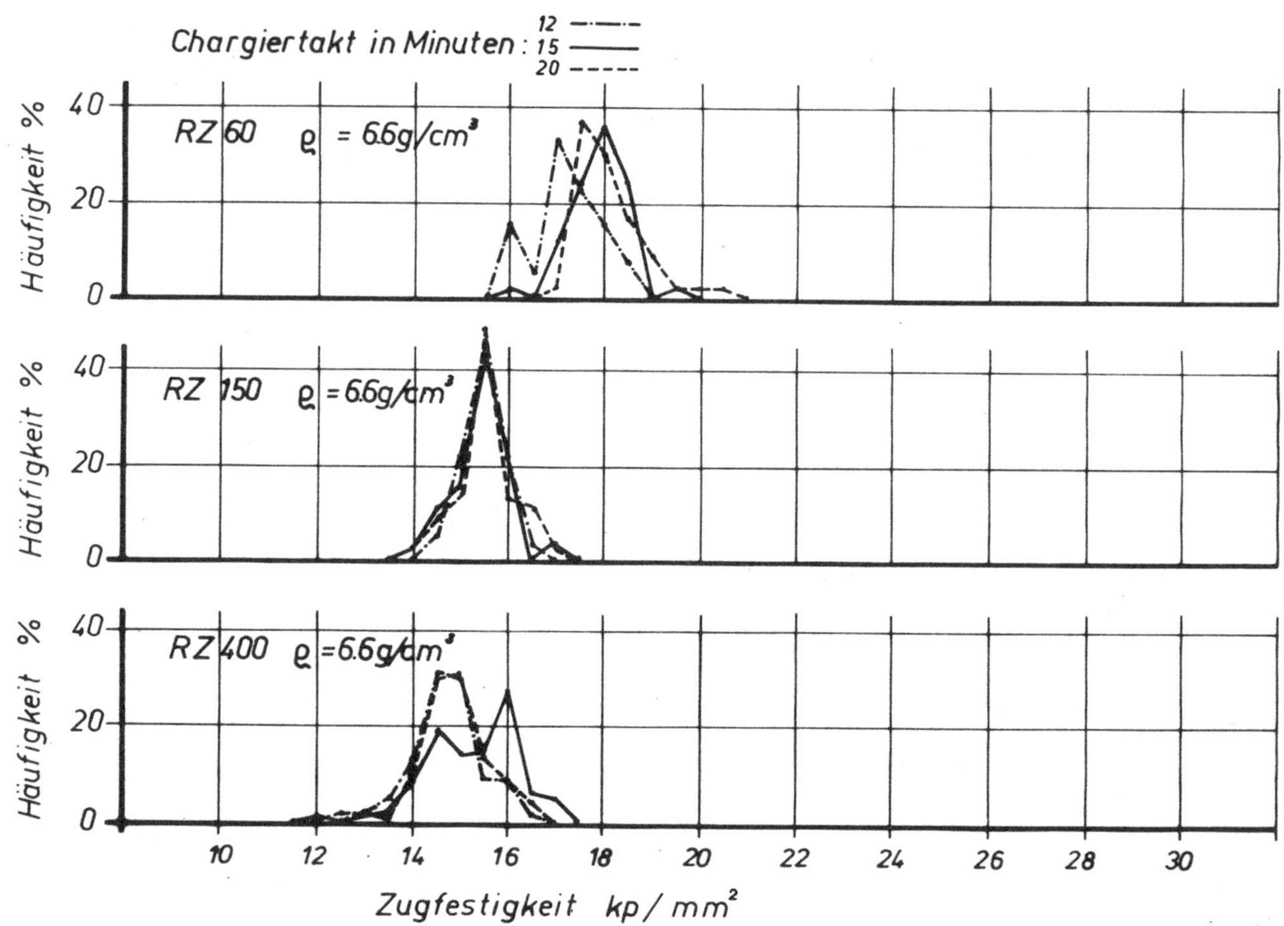


Abb. 14: Einfluß der Chargierzeit auf die Häufigkeits-Verteilung der Zugfestigkeit von unlegierten Sintereisen-Werkstoffen

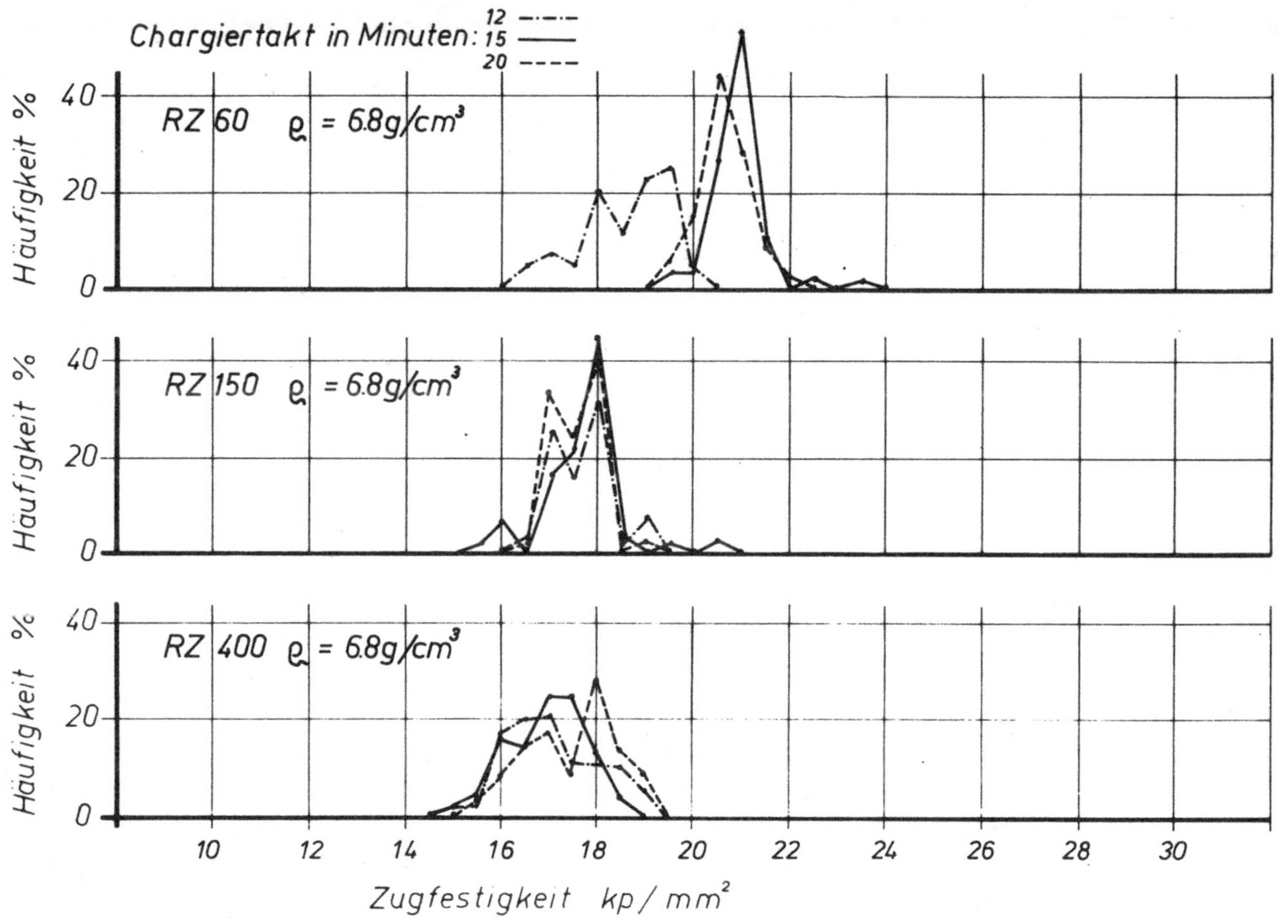


Abb. 15: Einfluß der Chargierzeit auf die Häufigkeits-Verteilung der Zugfestigkeit von unlegierten Sintereisen-Werkstoffen

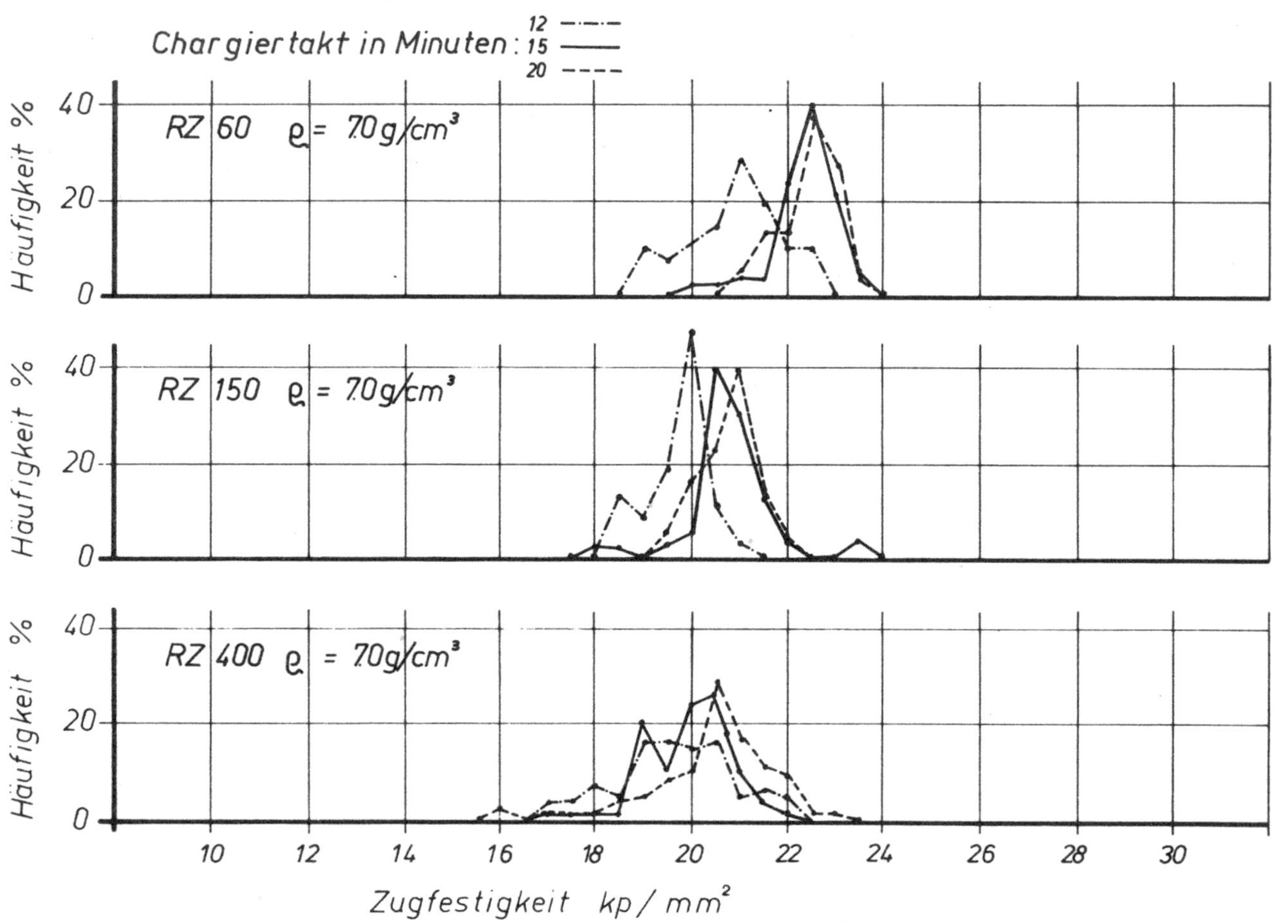


Abb. 16: Einfluß der Chargierzeit auf die Häufigkeits-Verteilung der Zugfestigkeit von unlegierten Sintereisen-Werkstoffen

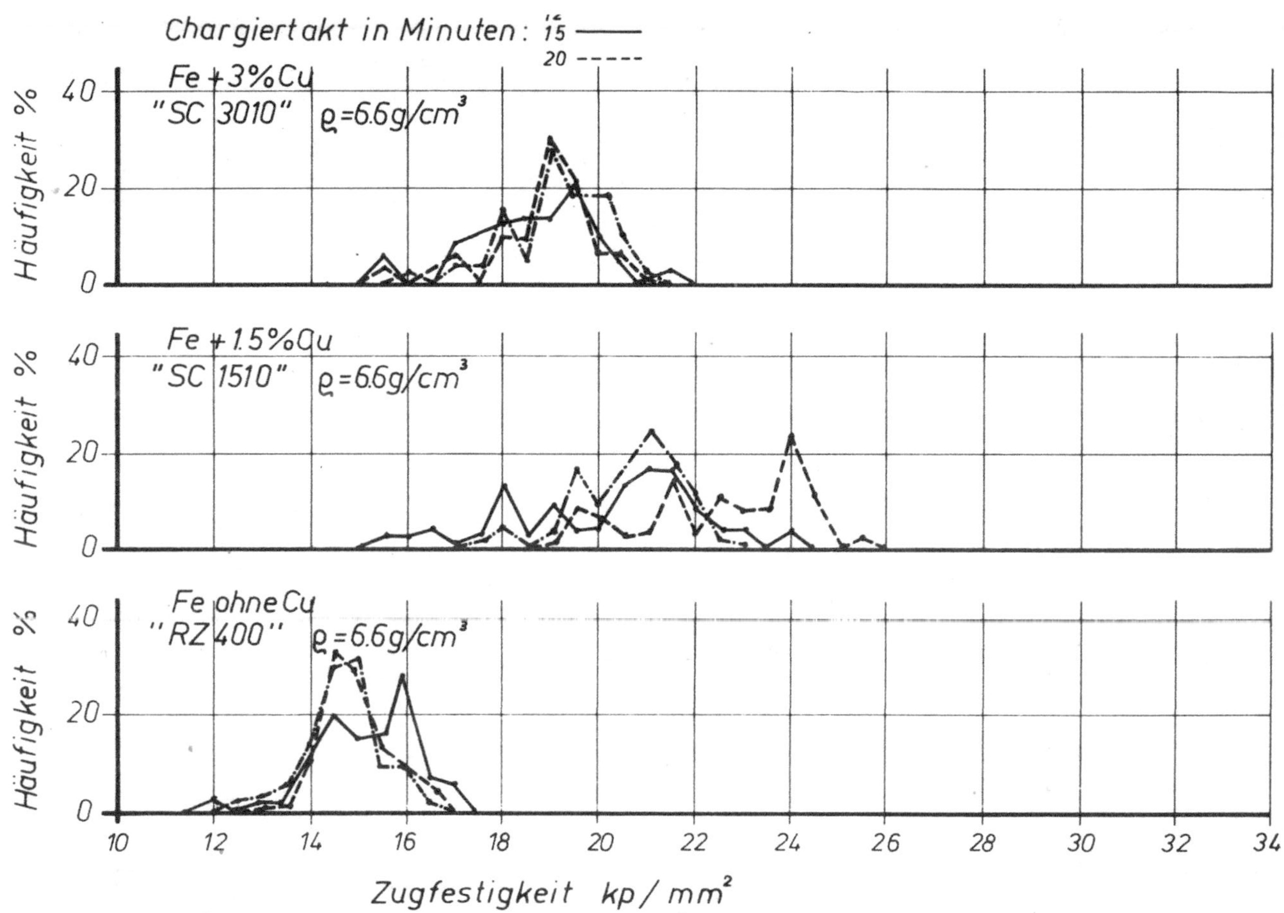


Abb. 17: Einfluß der Chargierzeit auf die Häufigkeits-Verteilung der Zugfestigkeit von mit Kupfer legierten Sintereisen-Werkstoffen

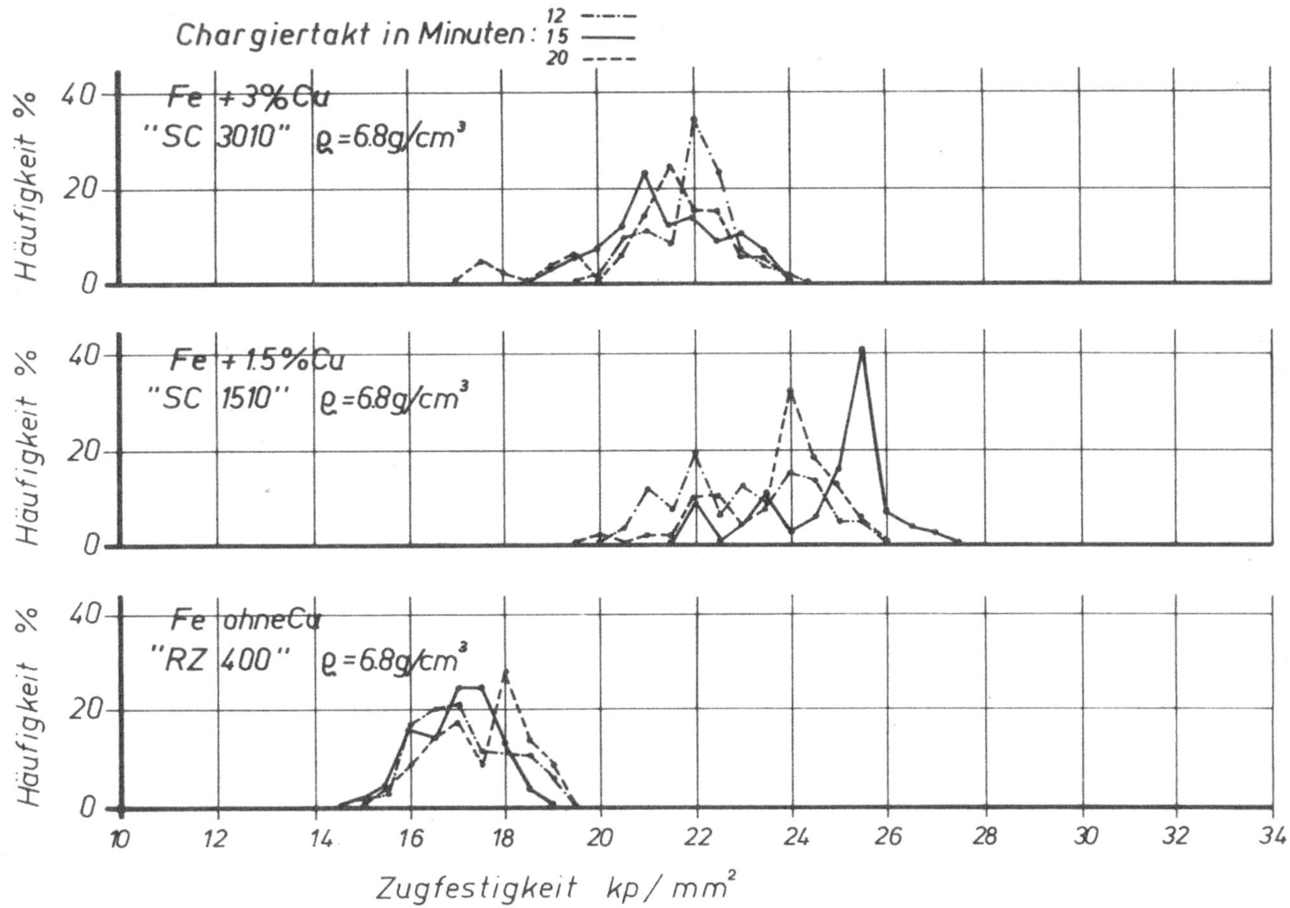


Abb. 18: Einfluß der Chargierzeit auf die Häufigkeits-Verteilung der Zugfestigkeit von mit Kupfer legierten Sintereisen-Werkstoffen

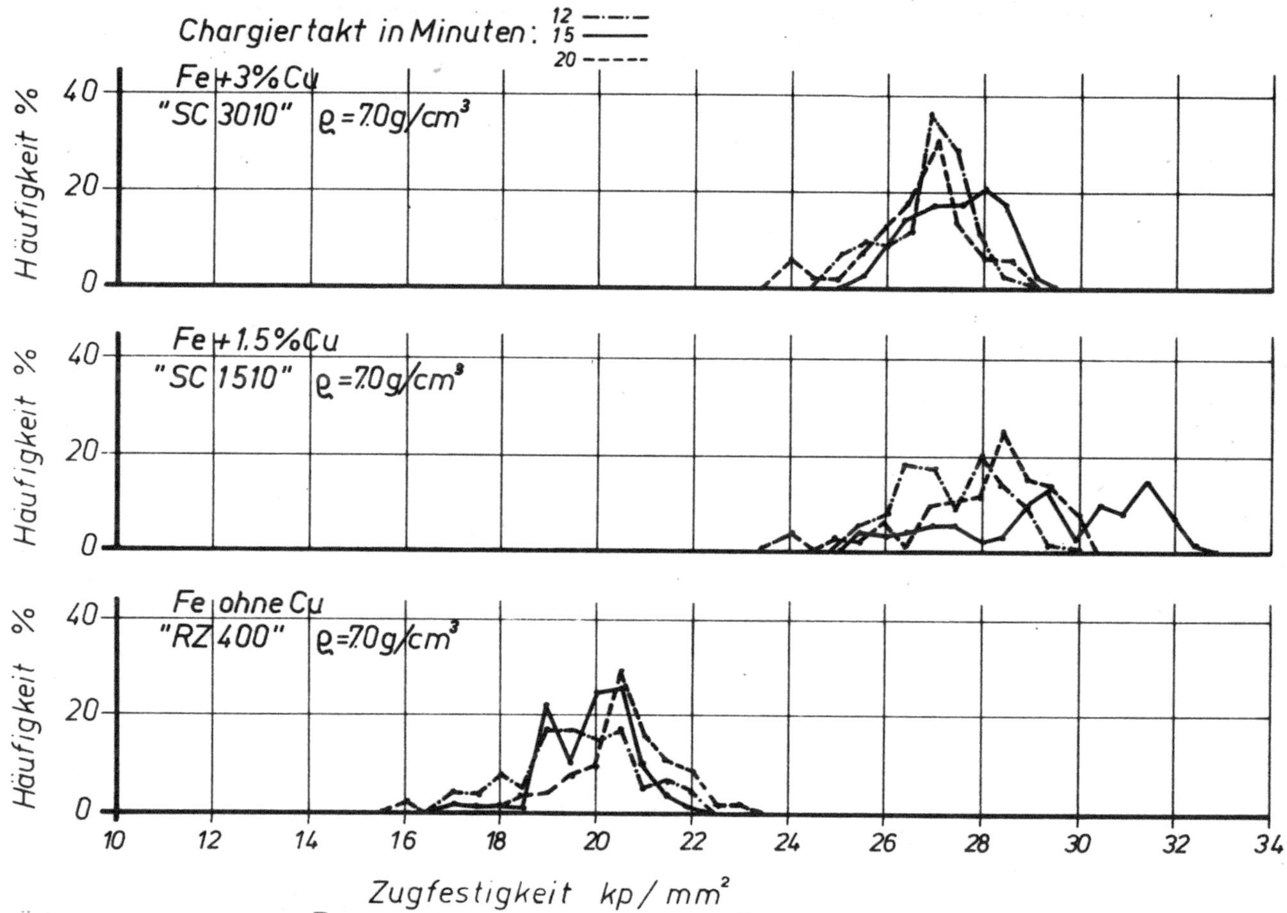


Abb. 19: Einfluß der Chargierzeit auf die Häufigkeits-Verteilung der Zugfestigkeit von mit Kupfer legierten Sintereisen-Werkstoffen

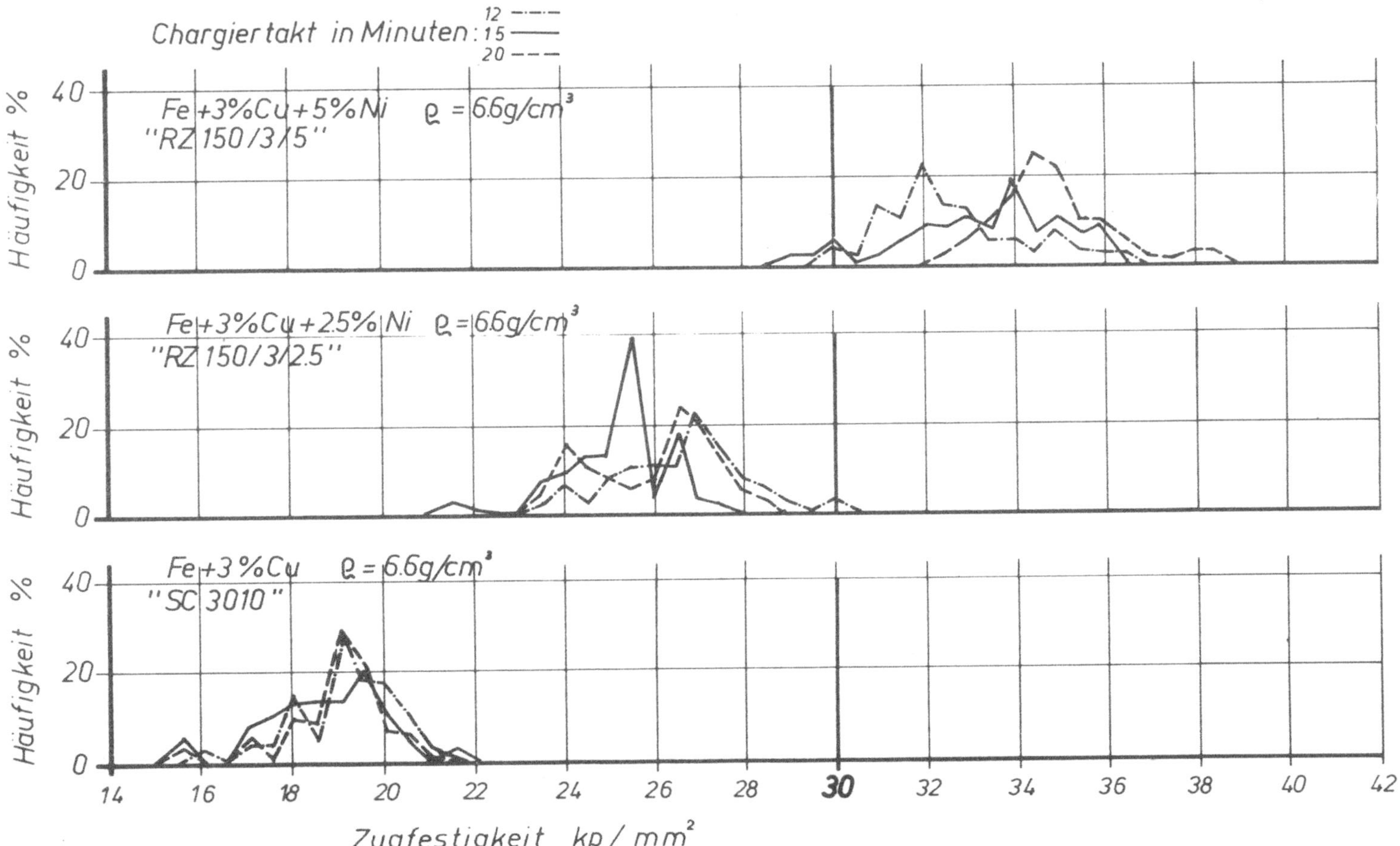


Abb. 20: Einfluß der Chargierzeit auf die Häufigkeits-Verteilung der Zugfestigkeit von mit Kupfer und Nickel legierten Sintereisen-Werkstoffen

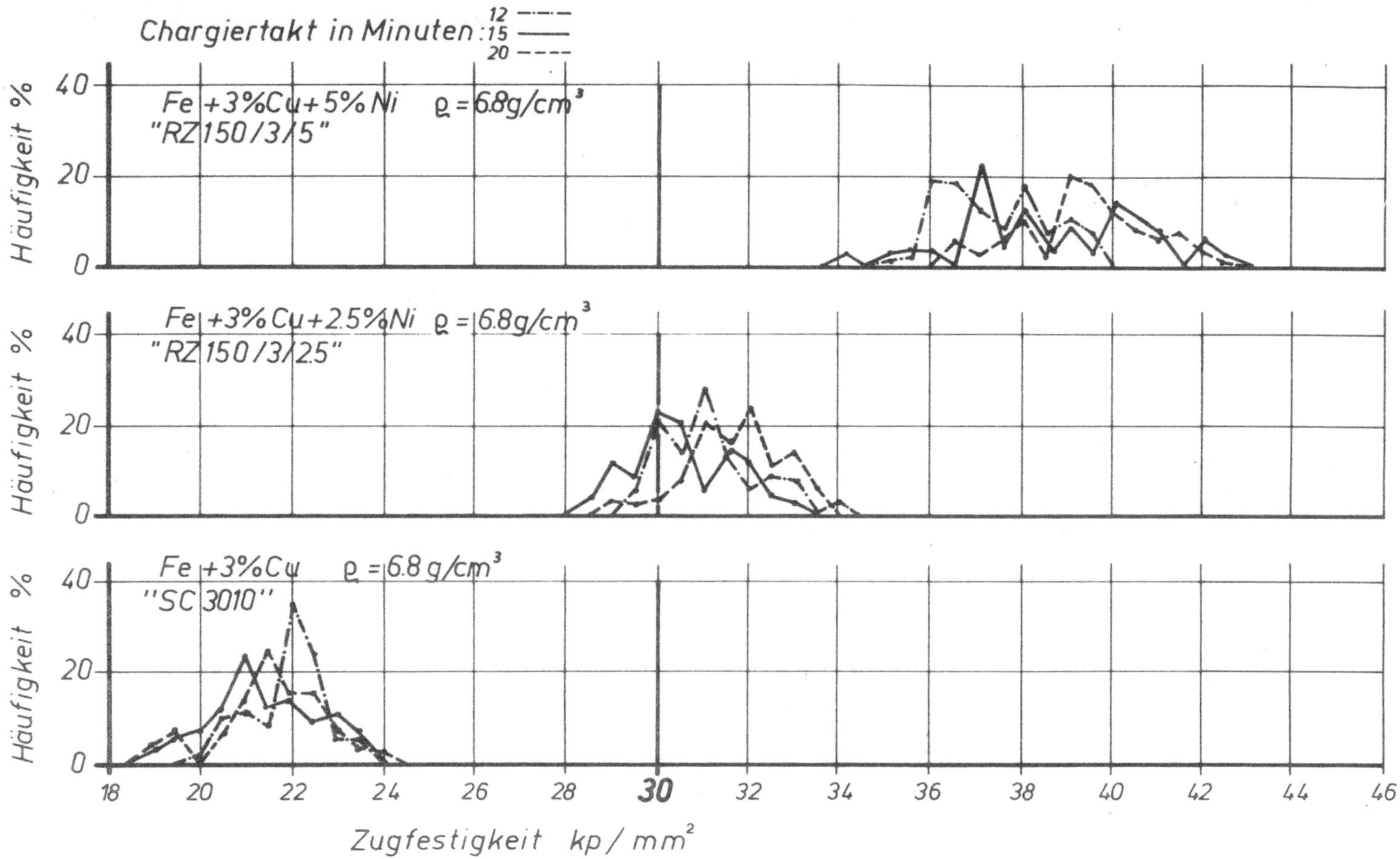


Abb. 21: Einfluß der Chargierzeit auf die Häufigkeits-Verteilung der Zugfestigkeit von mit Kupfer und Nickel legierten Sintereisen-Werkstoffen

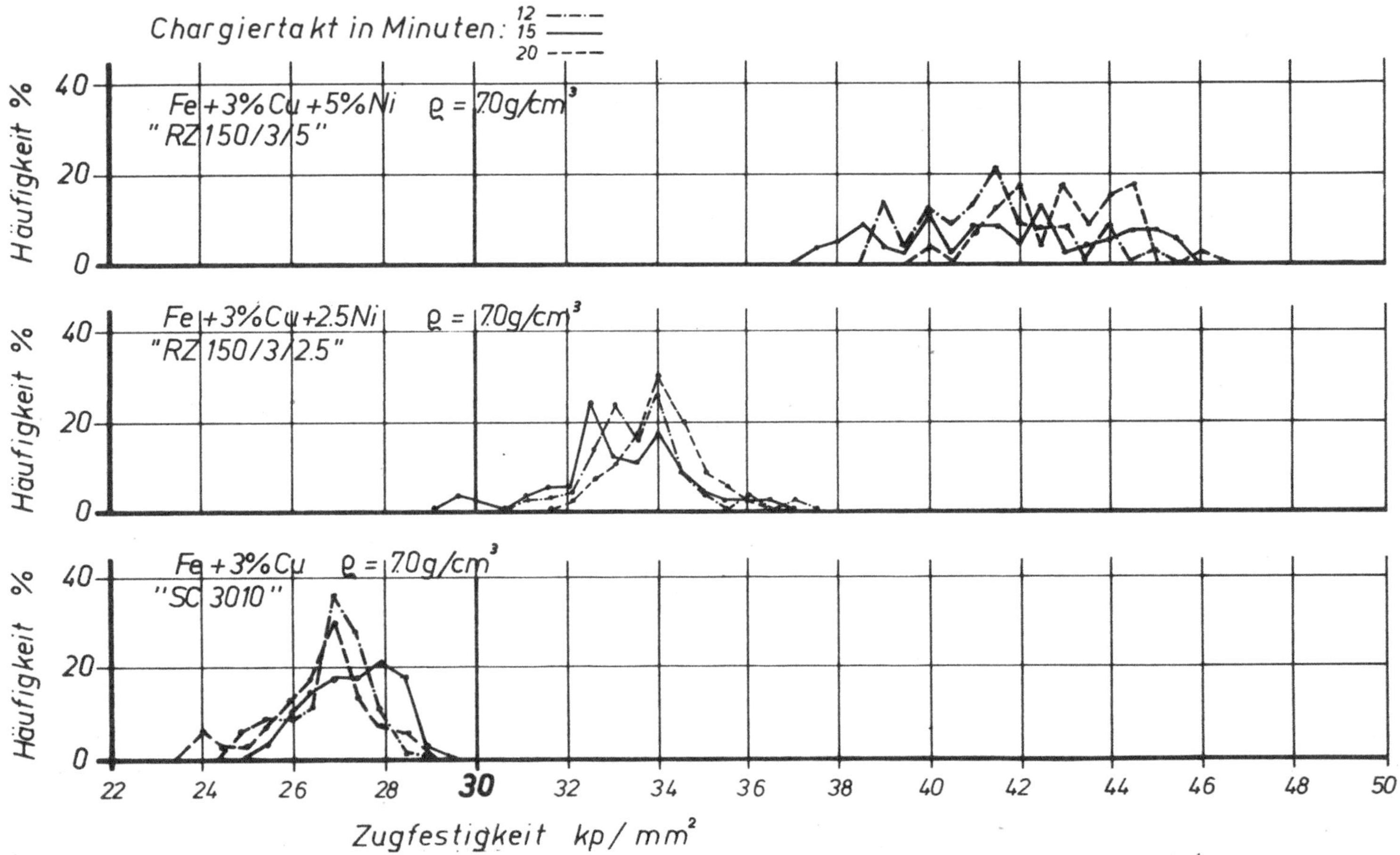


Abb. 22: Einfluß der Chargierzeit auf die Häufigkeits-Verteilung der Zugfestigkeit von mit Kupfer und Nickel legierten Sintereisen-Werkstoffen

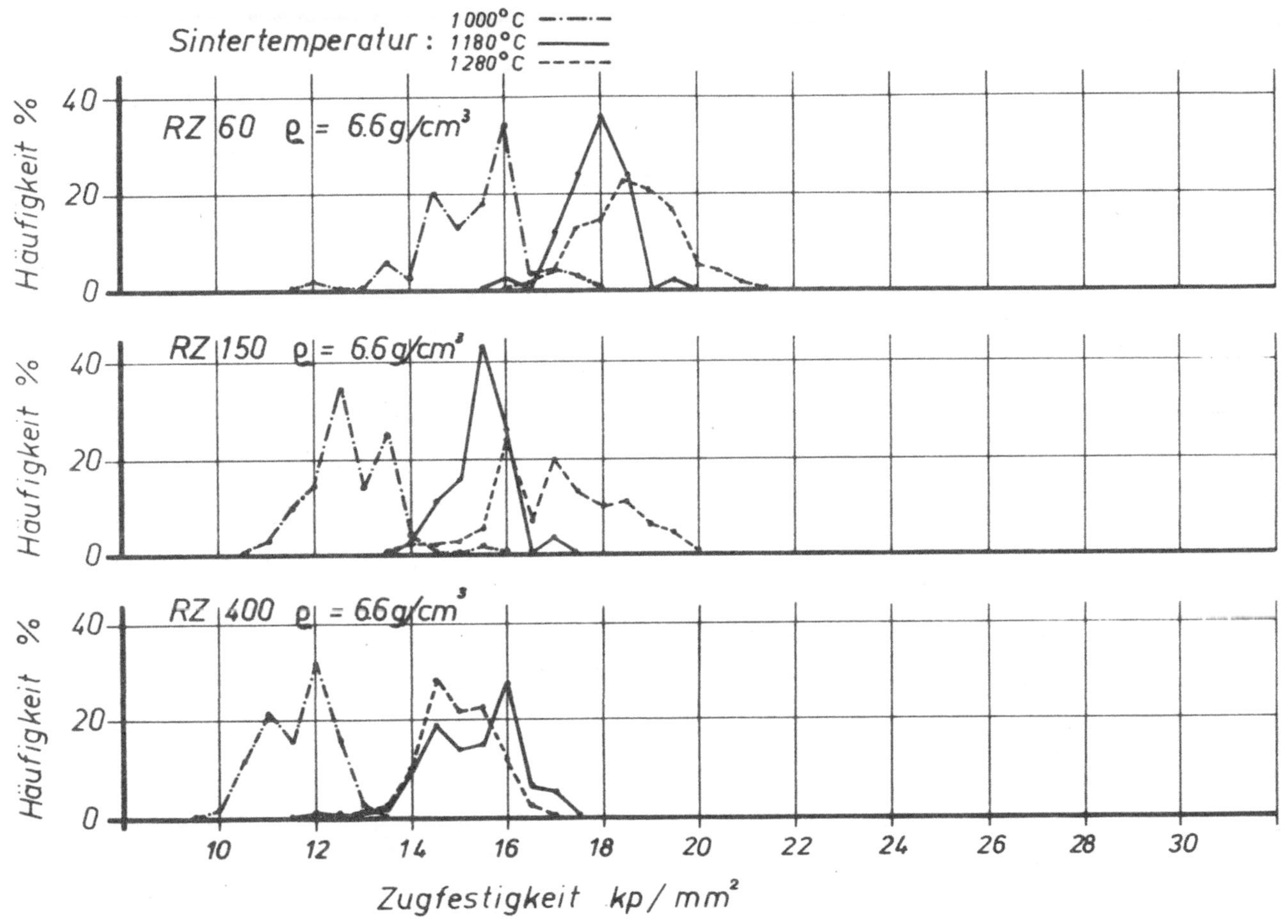


Abb. 23: Einfluß der Sintertemperatur auf die Häufigkeits-Verteilung der Zugfestigkeit von unlegierten Sintereisen-Werkstoffen

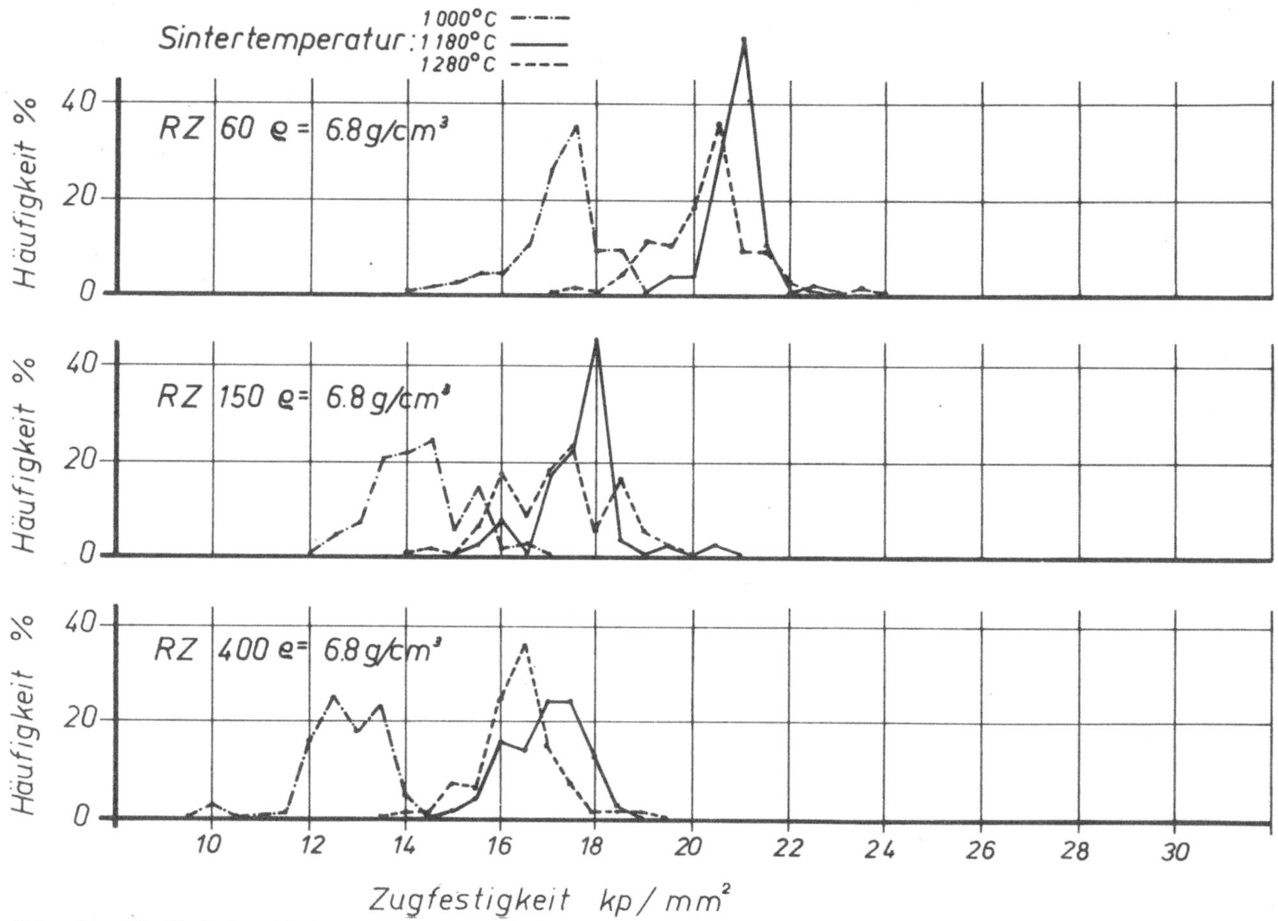


Abb. 24: Einfluß der Sintertemperatur auf die Häufigkeits-Verteilung der Zugfestigkeit von unlegierten Sintereisen-Werkstoffen

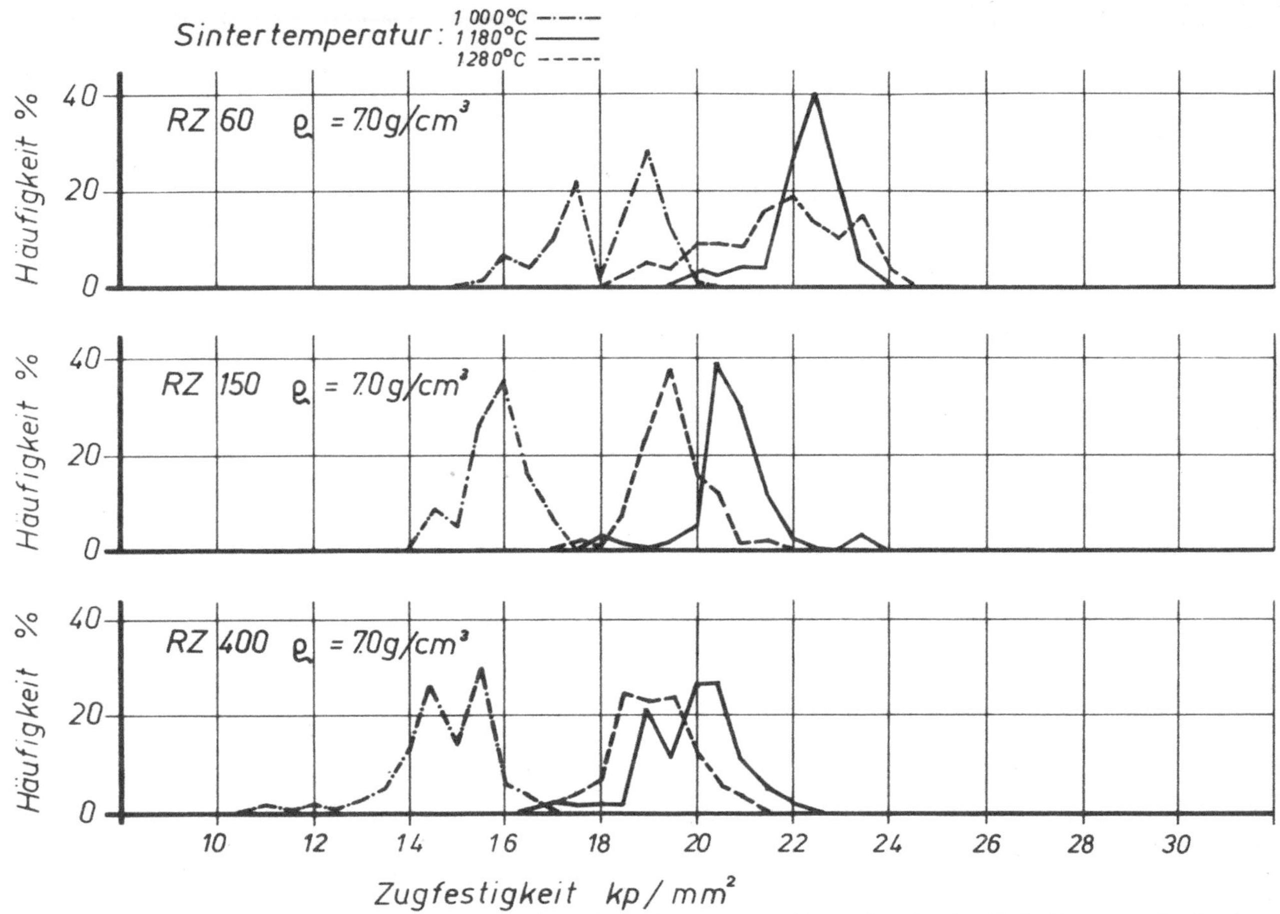


Abb. 25: Einfluß der Sintertemperatur auf die Häufigkeits-Verteilung der Zugfestigkeit von unlegierten Sintereisen-Werkstoffen

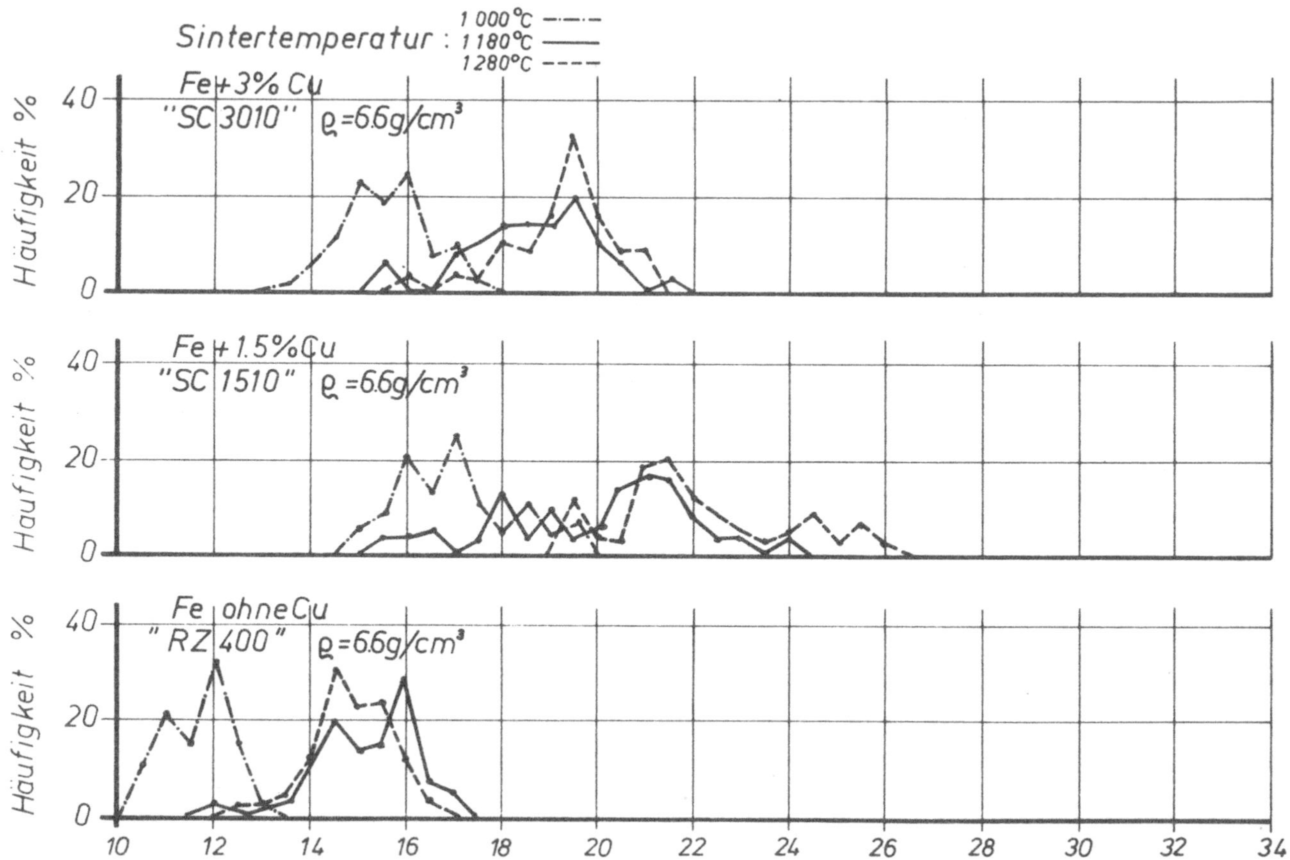


Abb. 26: Einfluß der Sintertemperatur auf die Häufigkeits-Verteilung der Zugfestigkeit von mit Kupfer legierten Sintereisen-Werkstoffen

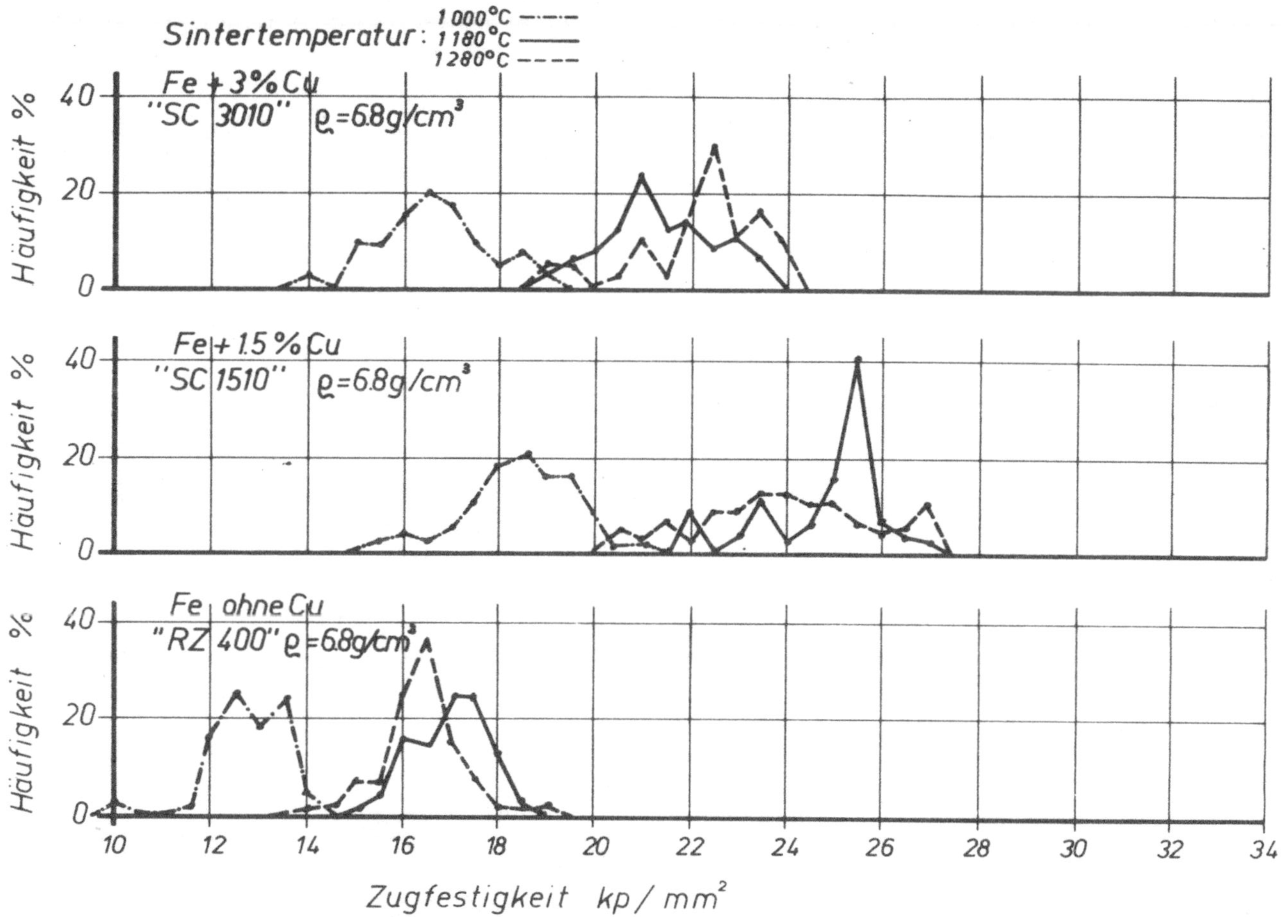


Abb. 27: Einfluß der Sintertemperatur auf die Häufigkeits-Verteilung der Zugfestigkeit von mit Kupfer legierten Sintereisen-Werkstoffen

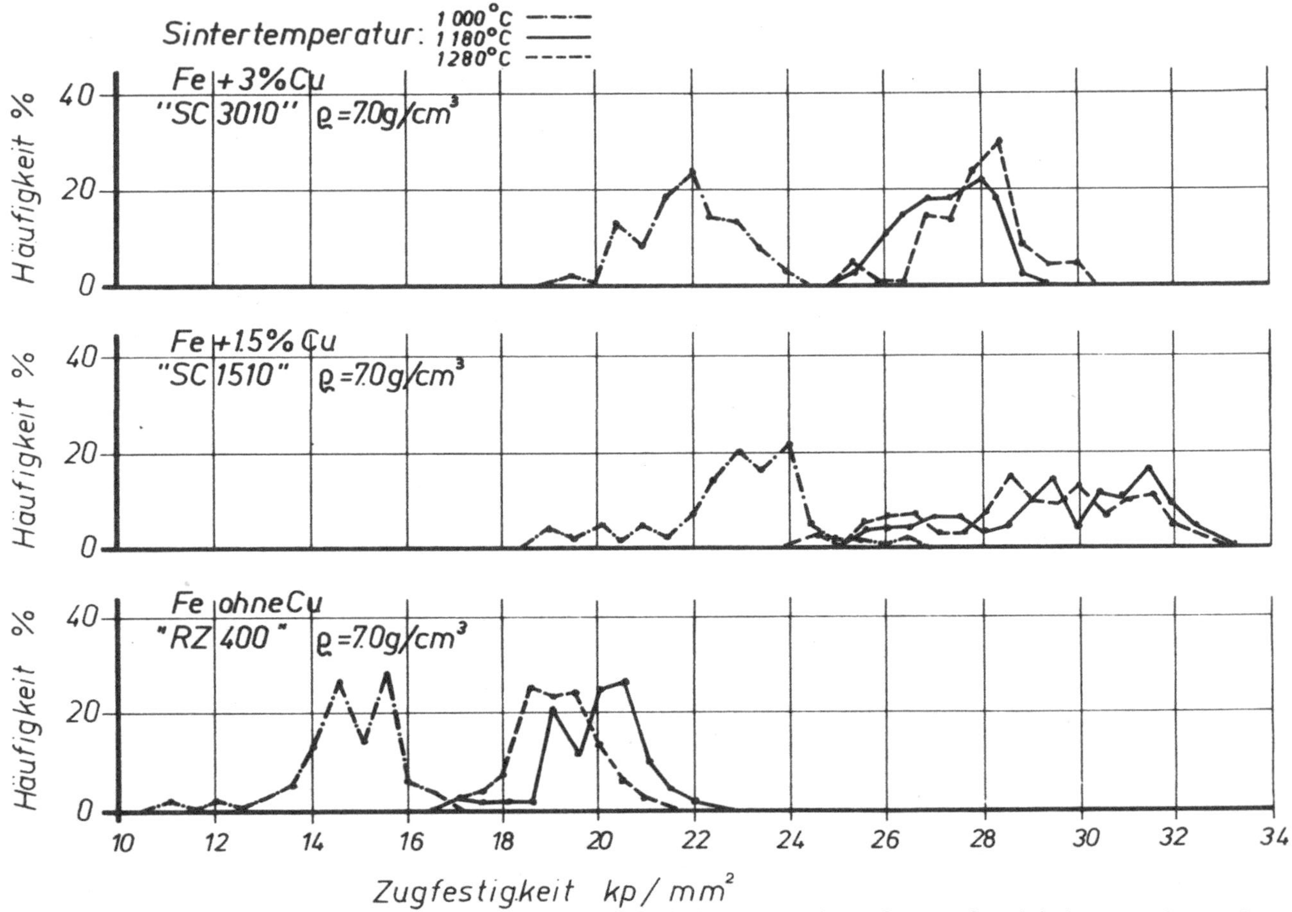


Abb. 28: Einfluß der Sintertemperatur auf die Häufigkeits-Verteilung der Zugfestigkeit von mit Kupfer legierten Sintereisen-Werkstoffen

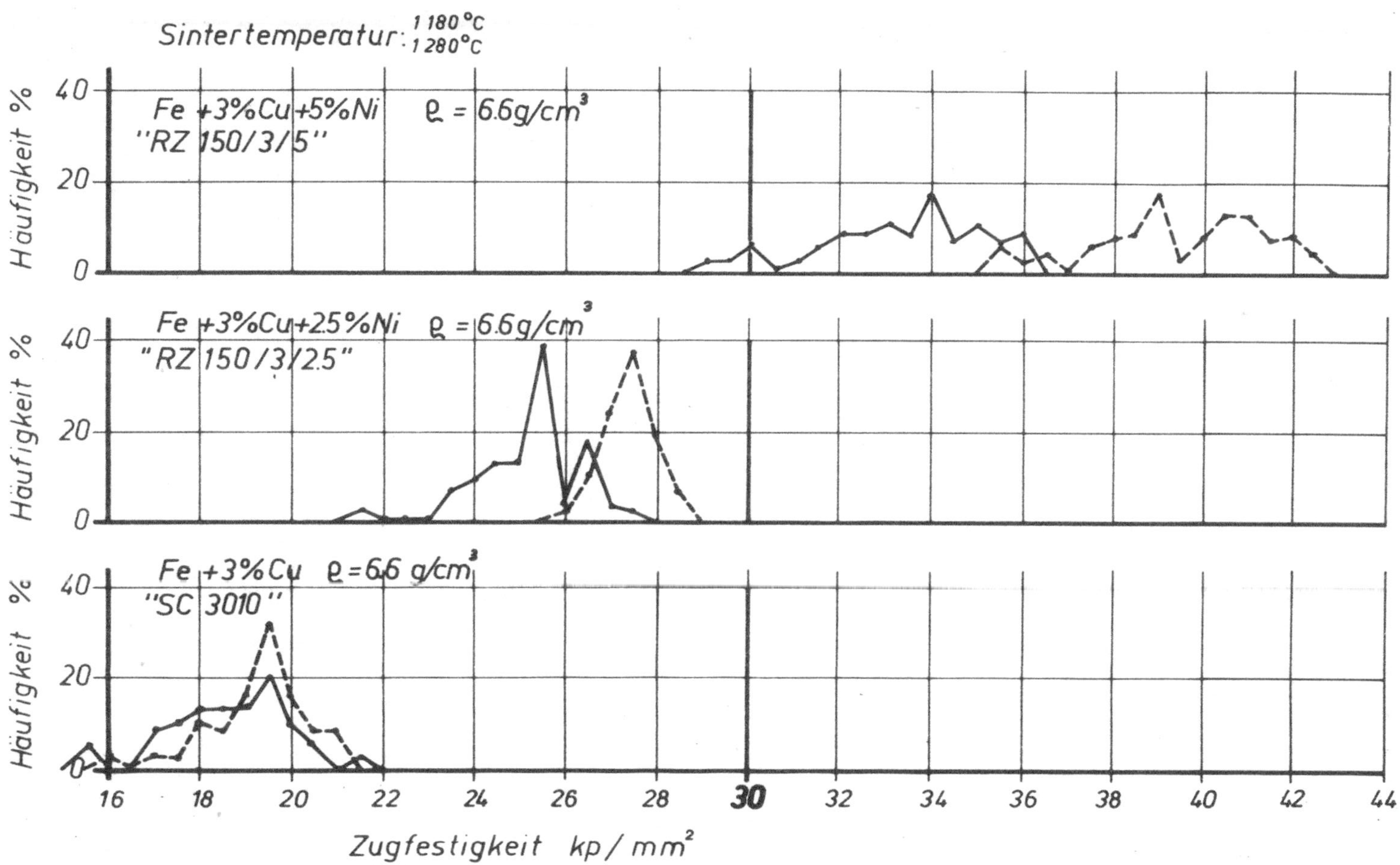


Abb. 29: Einfluß der Sintertemperatur auf die Häufigkeits-Verteilung der Zugfestigkeit von mit Kupfer und Nickel legierten Sintereisen-Werkstoffen

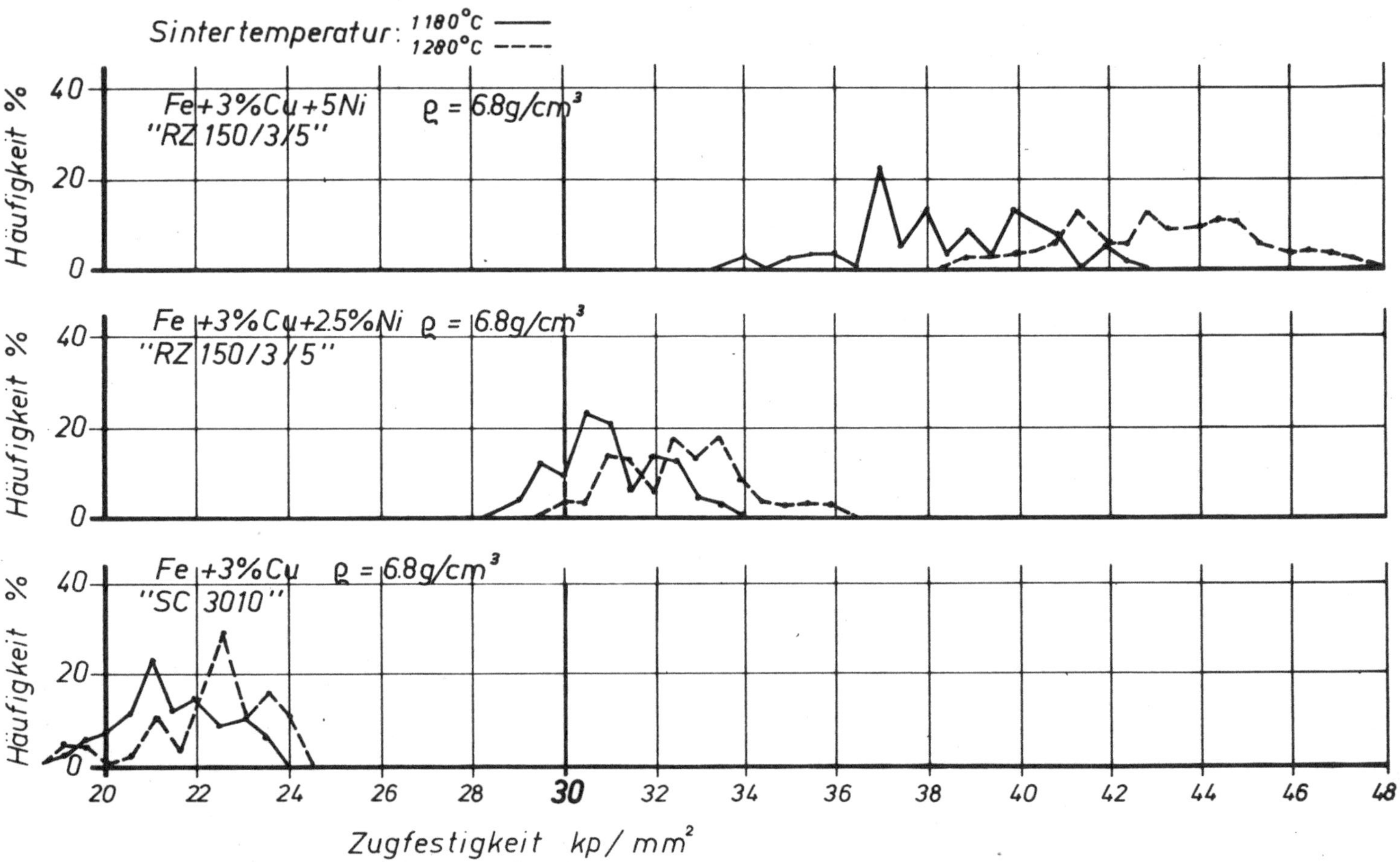


<u>Abb. 30:</u> Einfluß der Sintertemperatur auf die Häufigkeits-Verteilung der Zugfestigkeit von mit Kupfer und Nickel legierten Sintereisen-Werkstoffen

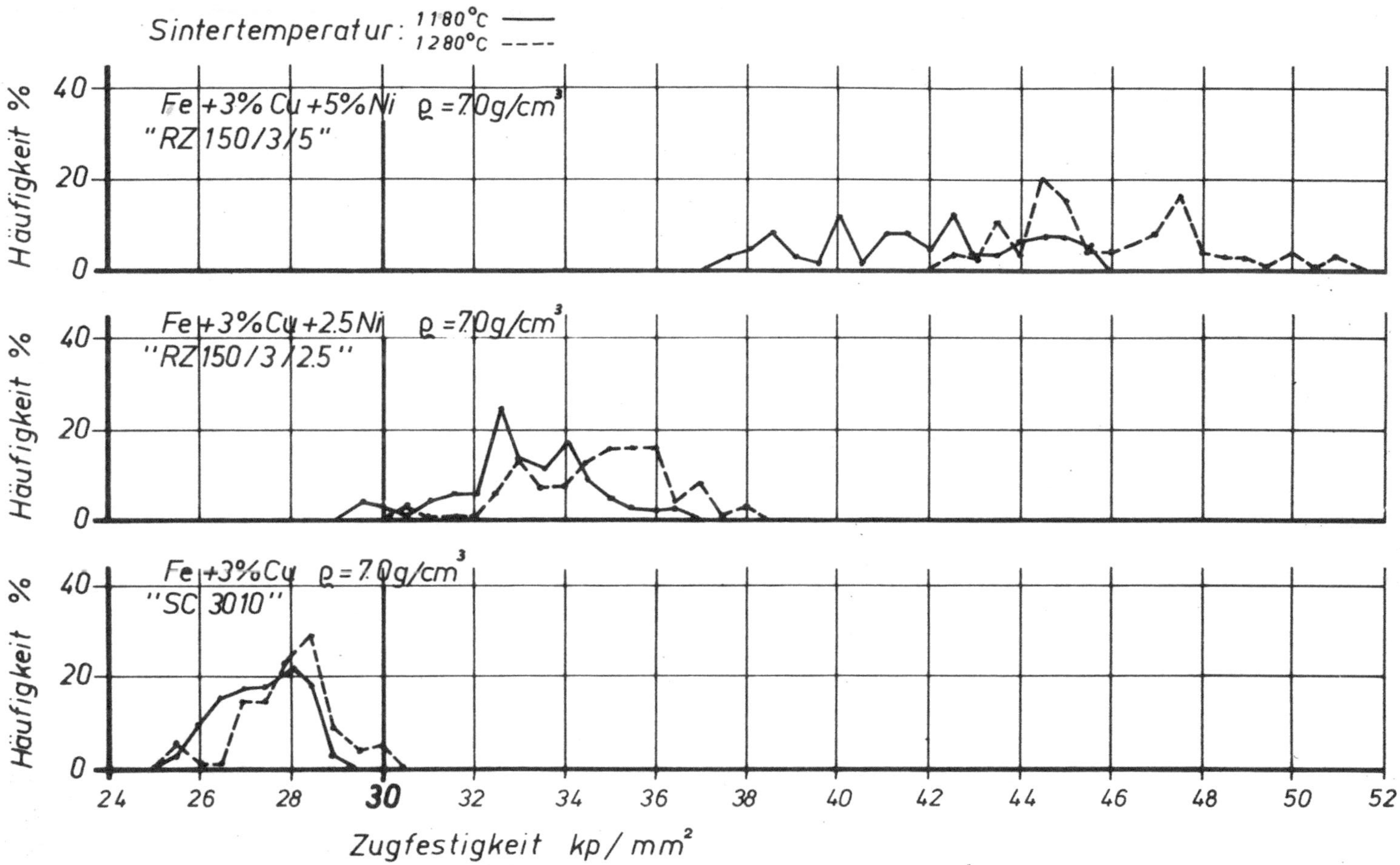


Abb. 31: Einfluß der Sintertemperatur auf die Häufigkeits-Verteilung der Zugfestigkeit von mit Kupfer und Nickel legierten Sintereisen-Werkstoffen

# Forschungsberichte des Landes Nordrhein-Westfalen

Herausgegeben im Auftrage des Ministerpräsidenten Heinz Kühn
vom Minister für Wissenschaft und Forschung Johannes Rau

## Sachgruppenverzeichnis

**Acetylen · Schweißtechnik**
Acetylene · Welding gracitice
Acétylène · Technique du soudage
Acetileno · Técnica de la soldadura
Ацетилен и техника сварки

**Arbeitswissenschaft**
Labor science
Science du travail
Trabajo científico
Вопросы трудового процесса

**Bau · Steine · Erden**
Constructure · Construction material · Soilresearch
Construction · Matériaux de construction · Recherche souterraine
La construcción · Materiales de construcción · Reconocimiento del suelo
Строительство и строительные материалы

**Bergbau**
Mining
Exploitation des mines
Minería
Горное дело

**Biologie**
Biology
Biologie
Biología
Биология

**Chemie**
Chemistry
Chimie
Química
Химия

**Druck · Farbe · Papier Photographie**
Printing · Color · Paper · Photography
Imprimerie · Couleur · Papier · Photographie
Artes gráficas · Color · Papel · Fotografía
Типография · Краски · Бумага · Фотография

**Eisenverarbeitende Industrie**
Metal working industry
Industrie du fer
Industria del hierro
Металлообработывающая промышленность

**Elektrotechnik · Optik**
Electrotechnology · Optics
Electrotechnique · Optique
Electrotécnica · Optica
Электротехника и оптика

**Energiewirtschaft**
Power economy
Energie
Energía
Энергетическое хозяйство

**Fahrzeugbau · Gasmotoren**
Vehicle construction · Engines
Construction de véhicules · Moteurs
Construcción de vehículos · Motores
Производство транспортных средств

**Fertigung**
Fabrication
Fabrication
Fabricación
Производство

**Funktechnik · Astronomie**
Radio engineering · Astronomy
Radiotechnique · Astronomie
Radiotécnica · Astronomía
Радиотехника и астрономия

## Gaswirtschaft

Gas economy
Gaz
Gas
Газовое хозяйство

## Holzbearbeitung

Wood working
Travail du bois
Trabajo de la madera
Деревообработка

## Hüttenwesen · Werkstoffkunde

Metallurgy · Materials research
Métallurgie · Matériaux
Metalurgia · Materiales
Металлургия и материаловедение

## Kunststoffe

Plastics
Plastiques
Plásticos
Пластмассы

## Luftfahrt · Flugwissenschaft

Aeronautics · Aviation
Aéronautique · Aviation
Aeronáutica · Aviación
Авиация

## Luftreinhaltung

Air-cleaning
Purification de l'air
Purificación del aire
Очищение воздуха

## Maschinenbau

Machinery
Construction mécanique
Construcción de máquinas
Машиностроительство

## Mathematik

Mathematics
Mathématiques
Matemáticas
Математика

## Medizin · Pharmakologie

Medicine · Pharmacology
Médecine · Pharmacologie
Medicina · Farmacologia
Медицина и фармакология

## NE-Metalle

Non-ferrous metal
Metal non ferreux
Metal no ferroso
Цветные металлы

## Physik

Physics
Physique
Física
Физика

## Rationalisierung

Rationalizing
Rationalisation
Racionalización
Рационализация

## Schall · Ultraschall

Sound · Ultrasonics
Son · Ultra-son
Sonido · Ultrasónico
Звук и ультразвук

## Schiffahrt

Navigation
Navigation
Navegación
Судоходство

## Textilforschung

Textile research
Textiles
Textil
Вопросы текстильной промышленности

## Turbinen

Turbines
Turbines
Turbinas
Турбины

## Verkehr

Traffic
Trafic
Tráfico
Транспорт

## Wirtschaftswissenschaften

Political economy
Economie politique
Ciencias economicas
Экономические науки

Einzelverzeichnis der Sachgruppen bitte anfordern

Westdeutscher Verlag GmbH
– Auslieferung Opladen –
567 Opladen, Postfach 1620

GPSR Compliance

*The European Union's (EU) General Product Safety Regulation (GPSR) is a set of rules that requires consumer products to be safe and our obligations to ensure this.*

*If you have any concerns about our products, you can contact us on ProductSafety@springernature.com*

In case Publisher is established outside the EU, the EU authorized representative is:

Springer Nature Customer Service Center GmbH
Europaplatz 3
69115 Heidelberg, Germany

**Batch number: 10584556**

Printed by Printforce, the Netherlands